舒夏竺　李镇魁　邓仿东　主编

华南地区主要色叶树种图鉴

SPM 南方传媒 | 广东科技出版社 全国优秀出版社

·广州·

图书在版编目（CIP）数据

华南地区主要色叶树种图鉴/舒夏竺，李镇魁，邓仿东主编．—广州：广东科技出版社，2023.2

ISBN 978-7-5359-7933-9

Ⅰ．①华… Ⅱ．①舒… ②李… ③邓… Ⅲ．①华南地区—树种—图谱 Ⅳ．①S79-64

中国版本图书馆 CIP 数据核字（2022）第155571号

华南地区主要色叶树种图鉴

Huanan Diqu Zhuyao Seye Shuzhong Tujian

出 版 人：严奉强

责任编辑：区燕宜 谢绮彤

封面设计：柳国雄

责任校对：李云柯 廖婷婷

责任印制：彭海波

出版发行：广东科技出版社

（广州市环市东路水荫路11号 邮政编码：510075）

销售热线：020-37607413

https://www.gdstp.com.cn

E-mail：gdkjbw@nfcb.com.cn

经 销：广东新华发行集团股份有限公司

印 刷：广州市彩源印刷有限公司

（广州市黄埔区百合三路8号 邮政编码：510700）

规 格：889 mm×1 194 mm 1/16 印张14.5 字数290千

版 次：2023年2月第1版

2023年2月第1次印刷

定 价：180.00元

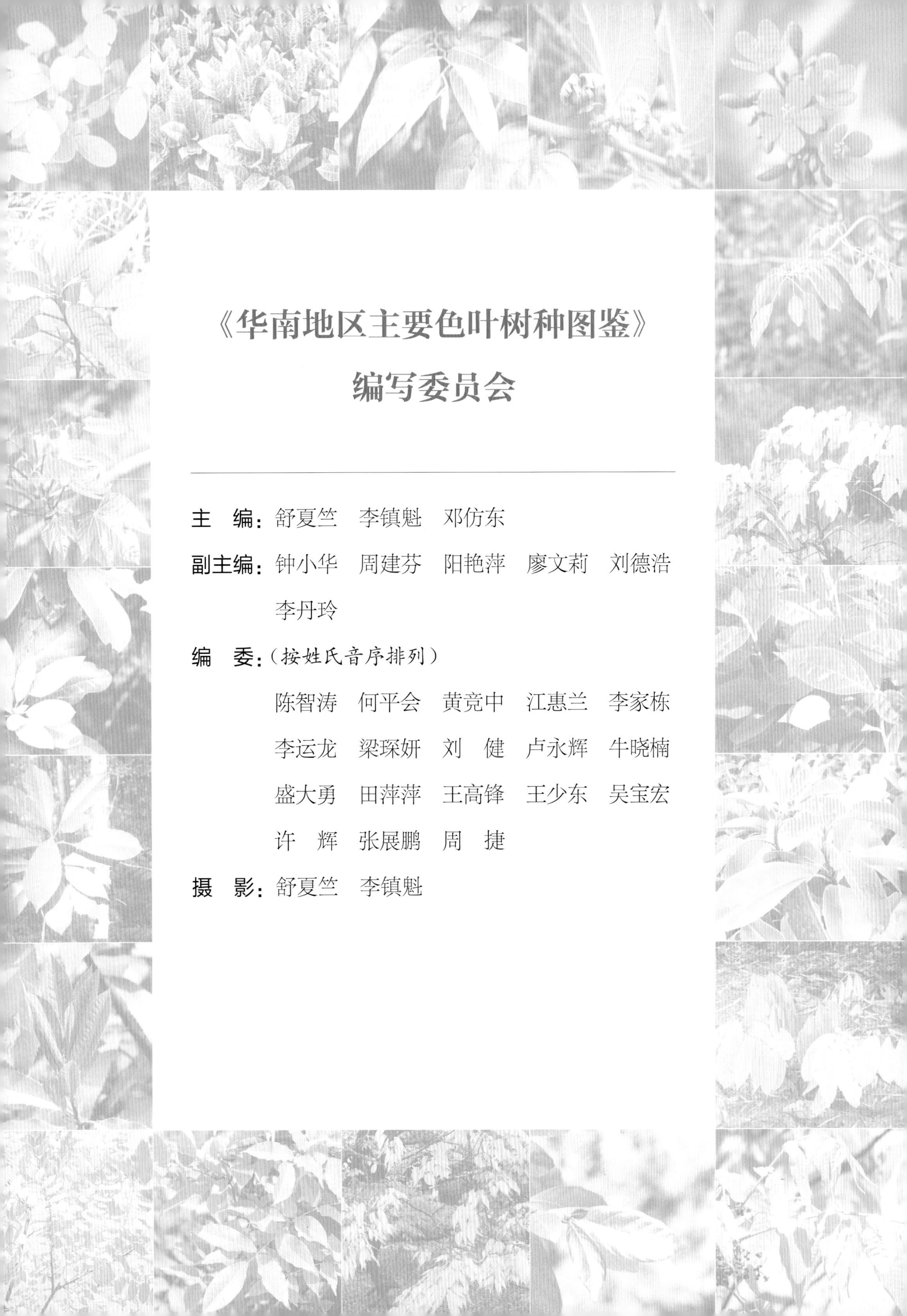

《华南地区主要色叶树种图鉴》编写委员会

主　编：舒夏竺　李镇魁　邓仿东

副主编：钟小华　周建芬　阳艳萍　廖文莉　刘德浩　李丹玲

编　委：（按姓氏音序排列）

陈智涛　何平会　黄竞中　江惠兰　李家栋　李运龙　梁琛妍　刘　健　卢永辉　牛晓楠　盛大勇　田萍萍　王高锋　王少东　吴宝宏　许　辉　张展鹏　周　捷

摄　影：舒夏竺　李镇魁

序　言

Preface

色叶树种具有叶片色彩鲜艳、观赏方式多样化、观赏期长、易于成景等优点，可以很好地解决目前园林绿化树种颜色单一的问题。我国拥有丰富的色叶树种资源，如樟树、乌桕、山乌桕、盐肤木、红椿、枫香树等。这些树种在某一阶段叶片呈现红色、紫红色、金黄色、白色等色彩，具有较高的观赏价值。色彩多样的色叶树种不仅是森林景观的重要组成部分，还可以为园林绿化增添一抹亮色。

色叶树种作为城乡绿化美化的新宠，在建设美丽乡村、美丽中国的过程中将迎来新的发展机遇。然而，我国色叶树种的利用和品种选育起步较晚，被认识、被开发利用的色叶树种不多，在园林应用中相对缺乏。基于此，编者对华南地区的色叶树种资源进行了调查，将观赏价值较高、已在园林中应用或有较高开发利用价值的色叶树种的相关资料编撰成本书。

《华南地区主要色叶树种图鉴》共收录色叶树种252种，隶属于70科177属。书中的每一种色叶树种均有规范的中文名、拉丁学名、识别特征、习性与生境、繁殖方式、观赏特性、园林用途等信息，并配以精美的图片，具有较高的科学价值和实用价值。

《华南地区主要色叶树种图鉴》将对华南地区色叶树种的保护、开发和推广应用起到很好的引导作用。相信通过本书，各种绿地及家居庭院将增添一些新的色叶树种，使城乡变得更加优美、宜居，并有助于实现“美丽中国”的目标。

植物分类权威专家
《中国植物志》编委
《中国树木志》编委

前　言

Foreword

习近平总书记在十九大报告中指出，加快生态文明体制改革，建设美丽中国。报告明确提出了“要创造更多物质财富和精神财富以满足人民日益增长的美好生活需要，也要提供更多优质生态产品以满足人民日益增长的优美生态环境需要”。随着“美丽中国”“美丽乡村”建设的推进，以及我国综合国力和人民生活水平的不断提高，城乡绿化得到了较快的发展，绿化水平也由简单的绿化转向美化、彩化，乡村和城市一样，变得越来越美丽、宜居。色叶树种因其独特的观赏特性，向人们呈现了多姿多彩的特色景观，给人以美的享受，它不仅是森林景观的重要组成部分，也是园林绿化中极为重要的美化材料。

色叶树种一般是指在一年四季或生长季节的某些阶段，全部或部分叶片较稳定地呈现非绿色的色彩，且具有较高观赏价值的树种的总称。笔者认为，色叶树种应具备三个基本要素：一是叶片呈现非绿色；二是呈色必须“稳定”，即呈色期须持久或具周期性；三是要具备一定的观赏价值。一般来说，色叶树种的色彩、鲜艳度及呈色期等受到自身因素和外部环境的共同影响。自身因素主要是叶片表面的毛被、鳞片等附属物的颜色和叶片内部色素的种类、含量及分布。外部环境因子主要有：光照、温度、水分、土壤、大气、病毒等。根据叶片呈现的颜色及其组合，色叶树种可分为单色类，如黄色系、红色系、紫色系、白色系等色彩的树种；多色类，即叶片在同一季节呈现两种及两种以上色彩的树种；杂色类，包括斑色叶、双色叶及零星色叶等树种。根据色叶树种在不同季节呈现的叶色变化特点，又可以将其分为春色叶、秋色叶、春秋色叶、常色叶（单色叶、双色叶和斑色叶）等树种。我国南方、北方因地理区位、气候、地形、海拔、土壤等原因，色叶树种的种类也存在一定差异。北方的秋色叶树种较为丰富，且色彩较为鲜艳；南方则以春色叶树种居多，色彩相对而言没有北方丰富。

我国作为世界园林之母，拥有丰富的树木资源，色叶树种资源也极为丰富。据不完全统计，我国彩叶植物达1 500多种，分属135科481属，其中，色叶树种近500种。与国外相比，我国对色叶树种的利用和品种选育尚处于起步阶段。我国乡土色叶树种应用的缺乏，致使目前城市绿化存在树种单一、色彩单调、季节性变化不强等问题。开发利用乡土色叶树种，

不仅可以丰富景观的多样性，突显出城市绿化的地方特色，由于色叶树种适应性强，价格便宜，还可以降低引种驯化成本、减少生态危害，从而使城市绿化与当地地带性树种更好地融合，建立良好的城市开放空间，更有利于城市生态系统的平衡。因此，乡土色叶树种的推广应用具有十分广阔的发展前景。随着粤港澳大湾区建设国家战略付诸实施，珠江三角洲携手港澳地区正向世界级城市群的目标迈进。广东在推动经济实现高质量发展的同时，全面贯彻落实中央部署、践行绿色发展理念、推进生态文明建设，积极推进中国首个国家森林城市群——珠三角国家森林城市群建设，全力提升珠江三角洲城市群综合竞争力，将为珠江三角洲跻身有影响力的世界级城市群提供强有力的生态支撑，对筑牢大湾区生态屏障具有重大的现实意义。大力推进生态文明建设，打造美丽湾区，建设美丽、和谐、宜居的现代化森林城市，乡土色叶树种作为今后城市发展的新宠，也将迎来更好的发展机遇。

华南地区地处中国南部，主要包括广东、广西、海南、香港、澳门等省（区），属南亚热带常绿阔叶林和热带雨林、季雨林区域，气候温暖湿润，地形地貌复杂，色叶树种资源丰富，但因篇幅所限，本着观赏价值高、适应性强、产业化前景好及有一定代表性等原则，本书精选了华南地区色叶树种252种，隶属于70科177属。书中除了有规范的中文名、科属、拉丁学名外，还详细介绍了这些色叶树种的识别特征、观赏特性及园林用途等。本书是根据科技人员多年实地调查的第一手资料编撰而成，图文并茂、通俗易懂，所选树种均具有较高的观赏价值和良好的发展前景，对乡土色叶树种的保护、开发和推广应用具有较好的指导性和实用性。

在本书编写过程中，得到了华南地区多个自然保护区、森林公园和国有林场的大力支持，在此一并表示衷心感谢。同时感谢书中引用的参考文献中的各位作者，感谢李秉滔教授为本书作序。

由于作者水平有限，在编写过程中难免存在疏漏和不足之处，敬请读者朋友批评指正。

编者

2022年8月

目　录

Contents

1. 落羽杉

拉丁学名 *Taxodium distichum* (L.) Rich.　　杉科 Taxodiaceae　落羽杉属 *Taxodium*

【识别特征】 落叶乔木，高可达50米。树干基部通常膨大，具屈膝状呼吸根；树皮棕色，裂成长条片。一年生小枝褐色，侧生短枝2列。叶条形，扁平，羽状，每边有4～8条气孔线。雄球花卵圆形，在小枝顶端排列成总状花序状或圆锥花序状。球果球形或卵圆形，有短梗，向下斜垂，熟时淡褐黄色，有白粉。种子呈不规则三角形，褐色。花期3月，果期10月。

【习性与生境】 强阳性树种，较耐寒，耐水湿，抗污染，抗台风，病虫害少，生长快，适应性强。喜生于水中或潮湿的地方。

【繁殖方式】 播种。

【观赏特性】 秋色叶。树干通直，冠形雄伟秀丽，秋叶红褐色，秋季落叶较迟，持叶期长。

【园林用途】 常植于湖边、河岸、水网地区，是优美的庭院、道路绿化树种。

【其他经济价值】 木材材质重，纹理细致，易于加工，耐腐朽，可作建筑、船舶、家具等用材。

2. 罗浮买麻藤（买麻藤）

拉丁学名 *Gnetum luofuense* C. Y. Cheng　　买麻藤科 Gnetaceae　买麻藤属 *Gnetum*

【识别特征】 大藤本，长10米以上。小枝圆或扁圆，光滑，稀具细纵皱纹。叶形、大小多变，革质或半革质，长10～25厘米，宽4～11厘米。雄球花序一至二回三出分枝，排列疏松，雄球花穗圆柱形；雌球花序侧生于老枝上，单生或数序丛生。种子矩圆状卵圆形或矩圆形，熟时黄褐色或红褐色，光滑，有时被亮银色鳞斑。花期6—7月，果期8—9月。

【习性与生境】 喜温暖湿润气候。常缠绕于树上，生于林中。

【繁殖方式】 扦插、压条等。

【观赏特性】 春色叶。春叶暗红色、橙黄色。攀援性强。

【园林用途】 可作公园或景区的垂直绿化植物。

【其他经济价值】 茎叶可药用，有祛风除湿、活血散瘀的功效；茎皮含韧性纤维，可织麻袋、渔网、绳索等，又可作人造棉原料；种子可炒食或榨油，亦可酿酒；树液可制清凉饮料。

3. 荷花木兰（荷花玉兰、广玉兰）

拉丁学名 *Magnolia grandiflora* L.　　木兰科 Magnoliaceae　木兰属 *Magnolia*

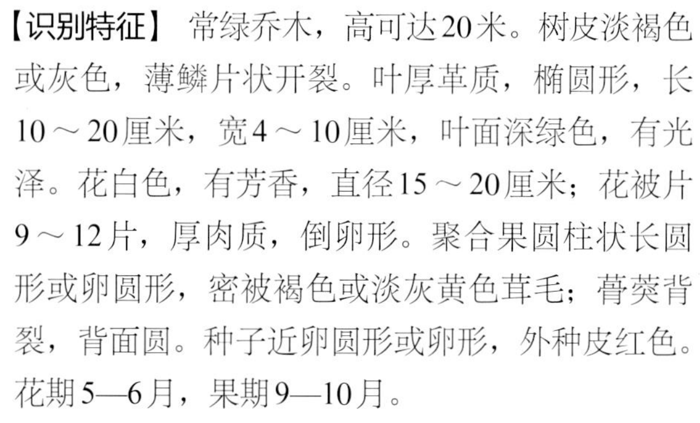

【识别特征】 常绿乔木，高可达20米。树皮淡褐色或灰色，薄鳞片状开裂。叶厚革质，椭圆形，长10～20厘米，宽4～10厘米，叶面深绿色，有光泽。花白色，有芳香，直径15～20厘米；花被片9～12片，厚肉质，倒卵形。聚合果圆柱状长圆形或卵圆形，密被褐色或淡灰黄色茸毛；蓇葖背裂，背面圆。种子近卵圆形或卵形，外种皮红色。花期5—6月，果期9—10月。

【习性与生境】 喜温暖湿润气候，抗污染，不耐碱土，较耐寒，在肥沃、深厚、湿润而排水良好的酸性或中性土壤中生长良好；根系深广，颇能抗风，病虫害少；生长速度中等。

【繁殖方式】 播种、压条、嫁接等。

【观赏特性】 常色叶。树姿雄伟壮丽，叶大荫浓，小枝、芽、叶背、叶柄均密被褐色或灰褐色短茸毛；花大，白色，似荷花，芳香馥郁，为美丽的庭院绿化、观赏树种。

【园林用途】 可孤植、丛植或成排种植，作园景树、行道树、庭荫树。

【其他经济价值】 木材黄白色，材质坚重，可作装饰材用；叶、幼枝和花可提取芳香油；花可制浸膏；叶可药用，可治高血压病。

4. 醉香含笑（火力楠）

拉丁学名 *Michelia macclurei* Dandy　　木兰科 Magnoliaceae　含笑属 *Michelia*

【识别特征】常绿乔木，高可达30米。树皮灰白色，光滑不开裂。叶革质，倒卵形、椭圆状倒卵形、菱形或长圆状椭圆形，长7～14厘米，宽5～7厘米。花单生或2～3朵组成聚伞花序；花被片白色，通常9片，匙状倒卵形或倒披针形。聚合果长3～7厘米；蓇葖长圆形或倒卵圆形。花期3—4月，果期9—11月。

【习性与生境】喜温暖湿润气候，喜光，稍耐阴，喜土层深厚的酸性土壤，耐旱耐瘠；萌芽力强，耐寒性较强，具有一定的耐阴性和抗风能力。

【繁殖方式】播种、压条等。

【观赏特性】春色叶。树形美观，树冠宽广，整齐壮观；枝叶稠密，浓郁苍翠，嫩叶红色、棕红色；花美丽芳香，花开时节满树繁花，景象甚为美观。

【园林用途】可作庭荫树、行道树，亦可作庭院风景树。可孤植于草地上，或丛植成林，或作风景林、防护林树种。

【其他经济价值】木材易加工，切面光滑，美观耐用，是建筑、家具的优质用材；花芳香，可提取香精油。

5. 二乔玉兰

拉丁学名 *Yulania × soulangeana* (Soulange-Bodin) D. L. Fu　木兰科 Magnoliaceae　玉兰属 *Yulania*

【识别特征】 落叶小乔木，高6～10米。叶纸质，倒卵形，长6～15厘米，宽4～7.5厘米，先端短急尖，2/3以下渐狭成楔形；侧脉每边7～9条，托叶痕约为叶柄长的1/3。花蕾卵圆形，花先叶开放，浅红色至深红色；花被片6～9片。聚合果；蓇葖卵圆形或倒卵圆形，熟时黑色，具白色皮孔。花期2—3月，果期9—10月。

【习性与生境】 喜光，适生于温暖气候，不耐积水和干旱，喜中性、微酸性或微碱性的疏松肥沃土壤及富含腐殖质的沙壤土。

【繁殖方式】 播种、嫁接、扦插、组织培养等。

【观赏特性】 春色叶。花大色艳，先花后叶；嫩叶暗红色或橙黄色，是早春色、香俱全的优良观花树种。

【园林用途】 广泛用于公园、庭院等孤植或片植，亦可用于排水良好的沿路或沿江、河道生态景观建设。

【其他经济价值】 木材易加工，切面光滑，美观耐用，是建筑、家具的优质用材；花芳香，可提取香精油。

6. 玉兰（玉堂春）

拉丁学名 *Yulania denudata* (Desrousseaux) D. L. Fu　木兰科 Magnoliaceae　玉兰属 *Yulania*

【识别特征】 落叶乔木，高可达25米。树皮深灰色，粗糙开裂。叶纸质，倒卵形，长10～18厘米，宽6～12厘米，托叶痕为叶柄长的1/4～1/3。花蕾卵圆形，花先叶开放，直立，芳香；花梗显著膨大；花被片9片，白色，基部常带粉红色，长圆状倒卵形。聚合果圆柱形；蓇葖厚木质，褐色。花期2—3月和7—9月，果期8—9月。

【习性与生境】 喜光，稍耐阴，有一定的耐寒性，喜温暖凉爽气候及肥沃酸性土壤，较耐干旱，不耐积水；抗大气污染能力强，并能吸收有毒气体和灰尘；生长速度慢。

【繁殖方式】 嫁接、播种、扦插等。

【观赏特性】 春色叶。树形优美；花大而多，先叶而放，花大香郁，色白微碧，玉树琼花；嫩叶浅红色、暗红色，后浓翠茂盛，十分优雅。

【园林用途】 可于草坪、庭前屋后孤植或丛植，作庭院树、园景树、行道树等，也是工厂、矿区极好的抗污染绿化树种。

【其他经济价值】 花可药用，有祛风、散寒、通窍、宣肺通鼻的功效；材质优良，纹理直，结构细，可供家具、图板、细木工等用；花含芳香油，可提取配制香精或制浸膏；花被片可食用或用以熏茶；种子榨油可供工业用。

7. 紫玉兰

拉丁学名 *Yulania liliiflora* (Desrousseaux) D. L. Fu　　**木兰科** Magnoliaceae　**玉兰属** *Yulania*

【识别特征】 落叶灌木，高可达3米。树皮灰褐色。叶椭圆状倒卵形或倒卵形，长8～18厘米，宽3～10厘米。花蕾卵圆形，被淡黄色绢毛；花、叶同时开放，瓶形，直立于花梗上；花被片9～12片，外轮3片萼片状，紫绿色，常早落，内2轮肉质，外面紫色或紫红色，内面带白色，花瓣状、椭圆状倒卵形；雄蕊紫红色。聚合果深紫褐色，圆柱形。花期3—4月，果期8—9月。

【习性与生境】 喜温暖湿润和阳光充足的环境，较耐寒，以肥沃、排水好的沙壤土为宜。

【繁殖方式】 播种、分株、压条等。

【观赏特性】 春色叶。花大且美丽艳逸，姿态优美，气味幽香；嫩叶浅红色、橙黄色；树形婀娜，枝繁花茂，甚为美观。

【园林用途】 常于前庭后院配植，或栽于公园等各种绿地；孤植或散植。

【其他经济价值】 树皮、叶、花蕾均可药用；花蕾可制挥发油，治鼻炎、头痛等。

8. 假鹰爪（鸡脚趾）

拉丁学名 *Desmos chinensis* Lour.　　番荔枝科 Annonaceae　假鹰爪属 *Desmos*

【识别特征】 直立或攀援灌木，有时上枝蔓延。枝皮粗糙，有纵条纹，有灰白色凸起的皮孔。叶互生，薄纸质或膜质，长圆形或椭圆形，长4～13厘米，宽2～5厘米，上面有光泽，下面粉绿色，侧脉7～12对。花黄白色，单朵与叶对生或互生；花瓣6片，2轮。果有柄，念珠状，内有种子1～7颗。种子球状。花期夏季至冬季，果期6月至翌年春季。

【习性与生境】 生于丘陵山坡、林缘灌木丛中或低海拔旷地、荒野及山谷等地。适应性强，生长快。

【繁殖方式】 播种、扦插、压条等。

【观赏特性】 春色叶。株形美观；嫩叶暗红色；花美香浓，香气持久，黄绿相间，十分漂亮；果序如串珠，会从绿色变成红色再变成紫色，颇具观赏性。

【园林用途】 可作园景树、庭院树及风景林树种。

【其他经济价值】 茎皮纤维可作人造棉和造纸原料，亦可代麻制绳索；根、叶可药用，主治风湿骨痛、产后腹痛、跌打、皮癣等。

9. 瓜馥木（山龙眼藤）

拉丁学名 *Fissistigma oldhamii* (Hemsl.) Merr.　　番荔枝科 Annonaceae　瓜馥木属 *Fissistigma*

【识别特征】 攀援灌木，长约8米。叶革质，倒卵状椭圆形或长圆形，长6～12.5厘米，宽2～5厘米，顶端圆形或微凹；侧脉每边16～20条，上面扁平，下面凸起。花长约1.5厘米，直径1～1.7厘米，1～3朵集成密伞花序；萼片宽三角形，顶端骤尖；外轮花瓣卵状长圆形。果圆球状，密被黄棕色茸毛。花期4—9月，果期7月至翌年2月。

【习性与生境】 喜温暖湿润气候及深厚肥沃、排水良好的酸性土壤，耐阴，成年喜光，不耐寒，不耐干旱、贫瘠；萌蘖性强，耐修剪，生长较快。常生于山谷、水旁的灌木丛中。

【繁殖方式】 扦插、播种等。

【观赏特性】 春色叶。枝叶浓密，叶色亮绿，新叶紫红色、淡红色、黄绿色或黄色；花艳丽。可通过修剪延长新叶观赏期。

【园林用途】 可配植于亭廊、边坡、岩面，或栽植于墙篱边，任其攀援，颇有野趣。

【其他经济价值】 茎皮纤维发达，可编麻绳、麻袋和造纸；花可提制芳香油或浸膏；种子榨油，可供工业用；根可药用，治跌打损伤和关节炎；果肉味甜，可食用。

10. 紫玉盘

拉丁学名 *Uvaria macrophylla* Roxburgh　　番荔枝科 Annonaceae　紫玉盘属 *Uvaria*

【识别特征】 直立或攀援灌木。全株被星状毛，老渐无毛。叶革质，长倒卵形或长椭圆形，长9～30厘米，宽3～15厘米，基部近圆形或浅心形；侧脉9～14对，在上面凹下。花1～2朵与叶对生，暗紫红色或淡红褐色；萼片宽卵形；内外轮花瓣等大，宽卵形。果球形或卵圆形，暗紫褐色，顶端具短尖头。种子球形。花期3—8月，果期7月至翌年3月。

【习性与生境】 喜光，耐旱，耐瘠薄。常生于林缘或山坡灌丛中。

【繁殖方式】 播种。

【观赏特性】 春色叶。幼枝、嫩叶背、叶脉、叶柄、花梗、小苞片、萼片及心皮均被黄褐色星状短柔毛，花色美丽，果实紫色。花果期长达半年以上。

【园林用途】 适宜栽于庭院周围、路旁或作盆景。

【其他经济价值】 根、叶可药用，有健胃行气、祛风止痛的功效；茎皮纤维坚韧，可编织绳索或麻袋。

11．阴香（山玉桂）

拉丁学名 *Cinnamomum burmannii* (Nees et T. Nees) Blume　樟科 Lauraceae　樟属 *Cinnamomum*

【识别特征】 常绿乔木，高可达20米。树干通直，树皮光滑，灰褐色至黑褐色，内皮红色，味似肉桂。树冠伞形或近圆球形。叶互生、近对生或散生，革质，长圆形至披针形，长6～10厘米，宽2～5厘米，叶面绿色，光亮，叶背粉绿色，具明显的离基三出脉。圆锥花序腋生或近顶生，少花，密被灰白色微柔毛；花白绿色，内外均被毛。果卵球形。花期3—4月，果期7—8月。

【习性与生境】 喜温暖、湿润气候，较喜光，忌强阳光暴晒，幼时耐阴，喜土层深厚、肥沃及排水良好的酸性土壤；适应性强，抗风、抗大气污染及抗二氧化硫能力强。生于疏林、密林、灌丛或溪边。

【繁殖方式】 播种。

【观赏特性】 春色叶。株形优美，冠大荫浓；树叶、皮、根均具芳香；枝叶终年亮泽，嫩叶浅红色、黄红色或黄绿色；春季开花时满树白花；夏季果期果实累累，均具观赏性。

【园林用途】 枝叶茂密，防尘、隔音效果好，可片植或多行列植于交通干道作为降噪绿带；冠大荫浓，可作庭院树、独赏树或行道树；是多树种混交伴生的理想树种；也可作嫁接肉桂的砧木。

【其他经济价值】 皮、叶、根可药用，亦可提取芳香油；种子可榨油；可用作木材。

12. 樟（香樟）

拉丁学名 *Cinnamomum camphora* (L.) Presl　　樟科 Lauraceae　樟属 *Cinnamomum*

【识别特征】 常绿乔木，高可达30米。枝、叶及木材均有樟脑气味。树皮黄褐色，有不规则的纵裂。枝条圆柱形，淡褐色。叶互生，卵状椭圆形，长6～12厘米，宽2.5～5.5厘米，边缘全缘，具离基三出脉。圆锥花序腋生，花绿白色或带黄色。果卵球形或近球形，紫黑色。花期4—5月，果期8—11月。

【习性与生境】 喜温暖湿润及阳光充足的环境，稍耐阴及干旱，喜疏松、肥沃、排水良好的酸性、中性土壤；抗烟尘及有毒气体，抗病虫害能力强，寿命长。生于山坡或沟谷中。

【繁殖方式】 播种、扦插等。

【观赏特性】 春秋色叶。树姿雄伟，冠大荫浓；嫩叶色彩丰富、鲜艳，红色或橙黄色，早春的林相极其美观，春秋两季常呈醒目的红叶。

【园林用途】 南方主要行道树树种，亦广泛栽培作庭荫树、园景树、防护林及风景林树种。

【其他经济价值】 枝叶可提炼樟脑、樟油；根、果、枝和叶可药用，有祛风散寒、强心镇痉和杀虫等功效；木材又为造船、橱箱和建筑等用材，是重要的材用和特种经济树种。

13. 黄樟（大叶樟）

拉丁学名 *Cinnamomum parthenoxylon* (Jack) Meisner　　樟科 Lauraceae　樟属 *Cinnamomum*

【识别特征】 常绿乔木，高可达20米。树皮暗灰褐色，深纵裂，深根性。叶互生，有淡樟脑味，革质，椭圆状卵形，长6～12厘米，宽3～6厘米，先端急尖或渐尖，基部楔形，有光泽，叶背粉绿色，具羽状脉，叶脉有腺体。圆锥花序于枝条上部腋生或近顶生；花小，黄绿色。果球形，黑色，果托基部红色。花期3—5月，果期4—10月。

【习性与生境】 喜光，幼年耐阴，喜温暖湿润气候和深厚、肥沃、排水良好的山地土壤；生长快，但在密林中生长缓慢，萌芽力强，寿命长达数百年。生于常绿阔叶林或灌木丛中。

【繁殖方式】 播种、扦插等。

【观赏特性】 春色叶。树干通直，树姿挺拔，四季常青；嫩叶浅红色至红色，为亚热带常绿阔叶林的代表树种。

【园林用途】 可孤植、列植或片植于庭院、路旁、溪畔，作庭院树、行道树、园景树，或作风景林、防护林树种。

【其他经济价值】 木材纹理致密，强度适中，耐腐防蛀，是造船、家具和工艺美术品的优良用材；枝叶可提炼樟脑油；叶、树干可药用，有祛风散寒、温中止痛、行气活血、消食化滞等功效。

14. 山鸡椒（山苍子）

拉丁学名 *Litsea cubeba* (Lour.) Pers.　　樟科 Lauraceae　木姜子属 *Litsea*

【识别特征】 落叶小乔木，高8～10米。枝、叶具芳香味。顶芽圆锥形，外面具柔毛。叶互生，披针形或长圆形，长4～11厘米，宽1.1～2.4厘米，纸质，上面深绿色，下面粉绿色，羽状脉。伞形花序单生或簇生；苞片边缘有睫毛；每一花序有花4～6朵，先叶开放或与叶同时开放；花被裂片6。果近球形，幼时绿色，成熟时黑色。花期2—3月，果期7—8月。

【习性与生境】 喜光，喜温暖湿润气候，不耐严寒，对土壤要求不严，适应性强；萌芽力强，生长速度快。常生于向阳的山地、灌丛、疏林或林中路旁、水边。

【繁殖方式】 播种。

【观赏特性】 秋色叶。树姿优美，先花后叶，春季黄白色小花开满枝头，十分壮观；秋叶黄色绚丽，成串黑色小果聚于枝头，别具趣味。

【园林用途】 适于森林公园、风景区丛植、群植作景观林，也可于园林中路隅、岩石旁点缀。

【其他经济价值】 花、叶和果实均含芳香油，具很高的经济价值；根皮、叶可药用，有温肾健胃、行气散结的功效；根可作为汤料。

15. 短序润楠（白皮槁）

拉丁学名 *Machilus breviflora* (Benth.) Hemsl.　　樟科 Lauraceae　润楠属 *Machilus*

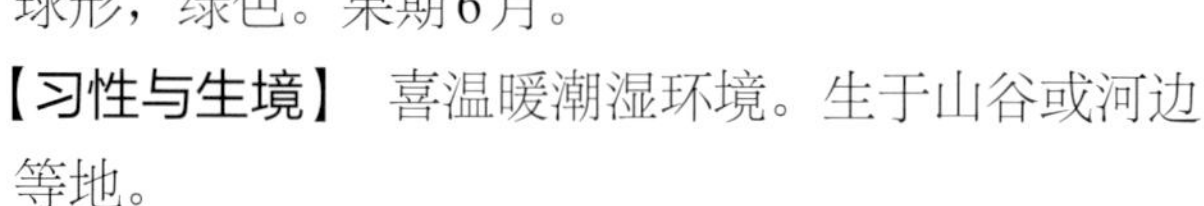

【识别特征】 常绿乔木。树皮灰褐色。小枝咖啡色，渐变灰褐色。芽卵形，芽鳞有茸毛。叶略聚生于小枝先端，倒卵形至倒卵状披针形，长4～5厘米，宽1.5～2厘米，革质，干时下面稍粉绿色或带褐色；中脉在上面凹下，下面凸起，侧脉和网脉纤细。圆锥花序3～5个，顶生，有长总梗，花枝萎缩，常呈复伞形花序状；花绿白色。果球形。花期7—8月，果期10—12月。

【习性与生境】 深根性树种，侧根发达，又属强阳树种；喜阳光充足的环境。常生于山地或山谷阔叶混交疏林中，或生于溪边。

【繁殖方式】 播种。

【观赏特性】 春色叶。树冠分层；枝叶浓密，新叶深紫红色至红色，宛若红花；果梗既长又红。

【园林用途】 可作园景树、行道树、风景林树种，在公共绿地、公园绿地、休闲绿地群植、列植或孤植；或作铁路、公路沿路的景观林带；亦可作荒山绿化、生态林建设树种。

【其他经济价值】 木材供建筑、家具等用。

16. 浙江润楠

拉丁学名 *Machilus chekiangensis* S. Lee　　樟科 Lauraceae　润楠属 *Machilus*

【识别特征】 常绿乔木。枝有纵裂的唇形皮孔，在当年生和一、二年生枝的基部遗留有顶芽鳞片数轮的疤痕。叶常聚生于小枝枝梢，倒披针形，长6.5～13厘米，宽2～3.6厘米，革质或薄革质，梢头的叶干时有时呈黄绿色，叶下面初时有贴伏小柔毛；中脉在上面稍凹下，下面凸起。花未见。果序生于当年生枝基部，有灰白色小柔毛。嫩果球形，绿色。果期6月。

【习性与生境】 喜温暖潮湿环境。生于山谷或河边等地。

【繁殖方式】 扦插、播种。

【观赏特性】 春色叶。树干通直，树形优美；春季叶色浅红色至红色，有明显的季节变化。

【园林用途】 可作庭院树、园景树、风景林树种，有良好的水源涵养功能。

【其他经济价值】 枝、叶含芳香油，可药用，有化痰、止咳、消肿、止痛、止血的功效；是珍贵的家具木材树种。

17. 华润楠（黄槁）

拉丁学名 *Machilus chinensis* (Champ. ex Benth.) Hemsl.　　**樟科** Lauraceae　**润楠属** *Machilus*

【识别特征】 常绿乔木，高可达15米。叶倒卵状长椭圆形至长椭圆状倒披针形，长5～10厘米，宽2～4厘米，革质，干时下面稍粉绿色或褐黄色；中脉在上面凹下，下面凸起，网状小脉在两面上形成蜂巢状浅窝穴，侧脉不明显，每边约8条。圆锥花序顶生，2～4个聚集，有花6～10朵；花白色。果球形。花期11月，果期翌年2月。

【习性与生境】 喜光，幼年耐阴，喜温暖湿润气候及土层深厚、肥沃、排水良好的沙壤土；适应性强，寿命长。生于山坡阔叶混交疏林或矮林中。

【繁殖方式】 播种。

【观赏特性】 春色叶。树干通直，树姿优美，冠大荫浓，树形良好；嫩叶红色或浅红色，新叶抽出时树冠鲜艳耀眼，为优良的春夏色叶树种。

【园林用途】 可作为行道树种植于公园和风景区，亦可作为庭院孤植树种植于草坪、林缘。

【其他经济价值】 木材坚硬，纹理直，耐腐，可供家具、板料、胶合板用；种子榨油，可制皂和润滑油。

18. 润楠（滇楠）

拉丁学名 *Machilus nanmu* (Oliver) Hemsley　　樟科 Lauraceae　润楠属 *Machilus*

【识别特征】 常绿乔木，高40米或更高。顶芽卵形，鳞片近圆形，浅棕色。叶椭圆形或椭圆状倒披针形，长5～13.5厘米，宽2～5厘米，革质，上面绿色，下面有贴伏小柔毛，嫩叶的下面和叶柄密被灰黄色小柔毛；中脉在上面凹下，下面明显凸起。圆锥花序生于嫩枝基部，4～7个；花小，带绿色。果扁球形，黑色。花期4—6月，果期7—8月。

【习性与生境】 喜温暖湿润气候。生于湿润阴坡山谷或溪边，常与壳斗科及樟科树种混生，生长较快。

【繁殖方式】 播种。

【观赏特性】 春色叶。树干挺直，树形优美；枝叶浓绿，新叶淡红色、橙黄色。

【园林用途】 可作行道树、园景树、庭院树。

【其他经济价值】 木材细致，芳香，可用于制作梁、柱、家具；茎、叶、皮可药用。

19. 刨花润楠

拉丁学名 *Machilus pauhoi* Kanehira　　樟科 Lauraceae　润楠属 *Machilus*

【识别特征】 乔木，高6.5～20米。树皮灰褐色，有浅裂。顶芽球形至近卵形。叶常集生于小枝梢端，椭圆形或狭椭圆形，长7～17厘米，宽2～5厘米，革质，上面深绿色，下面浅绿色，嫩时除中脉和侧脉外密被灰黄色贴伏绢毛，老时仍被贴伏小绢毛。聚伞状圆锥花序生于当年生枝下部，约与叶等长，疏花；花被裂片卵状披针形。果球形，熟时黑色。花期3—6月，果期7—9月。

【习性与生境】 喜温暖湿润气候和疏松肥沃的酸性土壤，幼树耐阴，耐旱，耐贫瘠；萌蘖性较强，生长速度较快。常生于土壤湿润肥沃的山坡灌丛或山谷疏林中。

【繁殖方式】 播种。

【观赏特性】 春色叶。树形美观，树冠浓密，枝叶翠绿色；新叶及嫩枝常呈紫红色、粉红色、红褐色等。

【园林用途】 适作园景树、行道树，或片植。

【其他经济价值】 木材纹理美观，为建筑、家具等用材；木材刨成薄片，叫“刨花”，浸在水中可产生黏液，加入石灰水中，用于粉刷墙壁，能增加石灰的黏着力，并可用于造纸；种子含油脂，为制造蜡烛和肥皂的原料。

20. 红楠（猪脚楠）

拉丁学名 *Machilus thunbergii* Sieb. et Zucc.　　樟科 Lauraceae　润楠属 *Machilus*

【识别特征】 常绿乔木，高可达20米。树冠卵形，树皮黄褐色。叶革质，倒卵形或卵状披针形，长5～13厘米，下面粉绿色，上面中脉稍凹下，侧脉不明显。花序近顶生，苞片卵形，被褐红色平伏茸毛；花被片无毛，外轮花被裂片短窄。果扁球形，紫黑色，果梗鲜红色。花期2月，果期7月。

【习性与生境】 喜温暖多湿气候，不耐旱，较耐阴，耐寒；适应性较强，较适生于疏松、深厚、肥沃的土壤；速生，抗风性好。生于山地阔叶混交林中。

【繁殖方式】 播种。

【观赏特性】 春色叶。树形整齐，树冠饱满；春季翠绿色的树冠枝端挺立着红色的芽苞，新叶开展后嫩红色渐转为嫩黄色，常呈深红色、粉红色、紫红色、嫩黄色等；夏季果序梗红艳，十分醒目。

【园林用途】 宜作行道树、风景树、庭荫树、防风林树种，可植于山间、庭前、屋后。

【其他经济价值】 树皮、根皮可药用，有温中顺气、舒经活血、消肿止痛等功效。

21. 绒毛润楠（绒楠）

拉丁学名 *Machilus velutina* Champ. ex Benth.　　樟科 Lauraceae　润楠属 *Machilus*

【识别特征】 乔木，高可达18米。枝、芽、叶下面和花序均密被锈色茸毛。叶狭倒卵形、椭圆形或狭卵形，长5～18厘米，宽2～5.5厘米，革质，上面有光泽；中脉在上面稍凹下，下面明显凸起。花序单独顶生或数个密集在小枝顶端，近无总梗，分枝多而短，近似团伞花序；花黄绿色，有香味，被锈色茸毛。果球形，紫红色。花期10—12月，果期翌年2—3月。

【习性与生境】 喜温暖、湿润环境，耐阴。生于低海拔山坡或谷地疏林中。

【繁殖方式】 播种。

【观赏特性】 春色叶。树形美观，新叶从银白色变淡红色、暗红色，具有较高的园林观赏价值。

【园林用途】 可作庭院树、风景林树种，或林缘、绿道的绿化树种。

【其他经济价值】 木材材质坚硬，耐水湿，可作家具、雕刻等用材。

22. 新木姜子

拉丁学名 *Neolitsea aurata* (Hay.) Koidz.　　樟科 Lauraceae　新木姜子属 *Neolitsea*

【识别特征】 常绿乔木，高可达14米。幼枝黄褐色或红褐色，有锈色短柔毛。叶互生或聚生于枝顶呈轮生状，长圆形、长圆状倒卵形或椭圆形至长圆状披针形，长8～14厘米，宽2.5～4厘米，上面绿色，无毛，下面密被金黄色绢毛；离基三出脉，侧脉每边3～4条；叶柄长8～12毫米，被锈色短柔毛。伞形花序3～5个簇生于枝顶或节间；每一花序有花5朵；花被裂片4，椭圆形。果椭圆形，长8毫米；果托浅盘状，直径3～4毫米；果梗长5～7毫米，先端略增粗，有稀疏柔毛。花期2—3月，果期9—10月。

【习性与生境】 喜温暖气候，喜肥沃土壤。生于山坡林缘或杂木林中。

【繁殖方式】 播种。

【观赏特性】 常色叶。叶背有金黄色绢毛，阳光下金光闪闪。

【园林用途】 可作园景树、行道树。

【其他经济价值】 根可药用，可治气痛、水肿、胃脘胀痛。

23. 鸭公树

拉丁学名 *Neolitsea chui* Merr.　　樟科 Lauraceae　新木姜子属 *Neolitsea*

【识别特征】 常绿乔木，高可达18米。叶互生或集生于枝顶，椭圆形、长圆状椭圆形或卵状椭圆形，长8～16厘米，先端渐尖，基部楔形，下面粉绿色；离基三出脉，侧脉3～5对，横脉明显；叶柄长2～4厘米。果椭圆形或近球形，长约1厘米；果柄长约7毫米。花期9—10月，果期12月。

【习性与生境】 喜温暖湿润环境。生于林中。

【繁殖方式】 播种。

【观赏特性】 春色叶。枝繁叶茂，树形优美；新叶浅红色、暗红色或黄色，鹤立于枝头。

【园林用途】 可作园景树、庭荫树或风景林树种。

【其他经济价值】 木材供建筑、家具等用。

24. 大叶新木姜子

拉丁学名 *Neolitsea levinei* Merr.　　樟科 Lauraceae　新木姜子属 *Neolitsea*

【识别特征】常绿乔木，高可达20米。树皮灰褐色至深褐色，平滑。叶轮生，4～5片一轮，长圆状披针形至长圆状倒披针形或椭圆形，长15～31厘米，宽4.5～9厘米，先端短尖或突尖，基部尖锐，革质，上面深绿色，有光泽，无毛，下面带绿苍白色，幼时密被黄褐色长柔毛；离基三出脉，侧脉每边3～4条，中脉、侧脉在两面均凸起；叶柄长1.5～2厘米，密被黄褐色柔毛。伞形花序数个生于枝侧，具总梗；每一花序有花5朵；花被裂片4，卵形，黄白色。果椭圆形或球形，长1.2～1.8厘米，直径0.8～1.5厘米，成熟时黑色；果梗长0.7～1厘米，顶部略增粗。花期3—4月，果期8—10月。

【习性与生境】耐阴，喜湿润环境。生于山地路旁、水旁及山谷密林中。

【繁殖方式】播种。

【观赏特性】春色叶。树形美观，新叶浅红色、暗红色，被柔毛，富野趣。

【园林用途】可作庭院树、风景林树种，或林缘、绿道的绿化树种。

【其他经济价值】木材可供建筑、家具等用。

25. 红毛山楠（毛丹）

拉丁学名 *Phoebe hungmoensis* S. K. Lee　　樟科 Lauraceae　楠属 *Phoebe*

【识别特征】 乔木，高可达25米。叶革质，倒披针形、倒卵状披针形或椭圆状倒披针形，长10～15厘米，宽2～4.5厘米；侧脉每边12～14条，下面特别明显；叶柄长8～27毫米。圆锥花序生于当年生枝中、下部，长8～18厘米，被短或长柔毛；花长4～6毫米；花被片长圆形或椭圆状卵形，两面密被黄灰色短柔毛。果椭圆形，长约1厘米，直径5～6毫米；宿存花被片硬革质，紧贴，结果时与花被管交接处强度收缩呈明显紧缢。花期4月，果期8—9月。

【习性与生境】 喜温暖湿润环境。生于杂木林中。

【繁殖方式】 播种。

【观赏特性】 春色叶。树叶繁茂，新叶浅红色至红色，叶革质，叶背侧脉明显。

【园林用途】 可作园景树、行道树、风景林树种。

【其他经济价值】 木材坚硬，供家具、建筑等用。

26. 檫木（鹅脚板）

拉丁学名 *Sassafras tzumu* (Hemsl.) Hemsl.　　樟科 Lauraceae　檫木属 *Sassafras*

【识别特征】 落叶乔木，高可达35米。叶互生，聚集于枝顶，卵形或倒卵形，长9～18厘米，宽6～10厘米，基部楔形，全缘或2～3浅裂，裂片先端略钝，坚纸质，上面绿色，下面灰绿色，羽状脉或离基三出脉；叶柄纤细，鲜时常带红色。花序顶生，先叶开放，多花；花黄色。果近球形，成熟时蓝黑色而带有白蜡粉，着生于浅杯状的果托上。花期3—4月，果期5—9月。

【习性与生境】 喜温暖湿润气候，喜光，不耐阴；在土层深厚、疏松、肥沃、排水良好的酸性壤土生长良好。常生于疏林或密林中。

【繁殖方式】 播种。

【观赏特性】 春秋色叶。树干挺拔，叶形奇特；早春满树黄花，先叶开放，极为醒目；新叶暗红色至鲜红色，秋季叶色转橙黄色。

【园林用途】 可配植于草坪、广场或常绿树背景前，作行道树、庭荫树、园景树或风景林混交造林树种。

【其他经济价值】 木材浅黄色，材质优良，细致，耐久，可用于制造船、水车及上等家具；根、树皮可药用，有活血散瘀、祛风祛湿等功效；果、叶和根均可提取芳香油。

27. 阔叶十大功劳（土黄连）

拉丁学名 *Mahonia bealei* (Fort.) Carr. 小檗科 Berberidaceae 十大功劳属 *Mahonia*

【识别特征】 灌木或小乔木。叶狭倒卵形至长圆形，长27～51厘米，宽10～20厘米，具4～10对小叶，上面暗灰绿色，背面被白霜，有时淡黄绿色或苍白色，两面叶脉不明显；小叶厚革质，硬直，最下面一对小叶卵形，具1～2粗锯齿。总状花序直立，通常3～9个簇生；花黄色；花瓣倒卵状椭圆形。浆果卵形，深蓝色，被白粉。花期9月至翌年1月，果期3—5月。

【习性与生境】 喜温暖湿润气候及深厚肥沃、排水良好的酸性至中性土壤，耐阴，不耐严寒，不耐盐碱；萌蘖性强，耐修剪，生长较快。常生于阔叶林、竹林、杉木林及混交林下、林缘，草坡，溪边，路旁或灌丛中。

【繁殖方式】 播种、扦插等。

【观赏特性】 春秋色叶。叶形奇特，花色鲜艳；春叶由紫红色逐渐变淡并转绿色，偶变暗紫色，少数植株秋冬叶片全部呈紫红色或红色。

【园林用途】 适于丛植作地被或绿篱，也可用于岩石、花境点缀或丛植于林缘，或作盆栽观赏。

【其他经济价值】 根、茎、果实均可药用，有补肺气、退潮热、益肝肾等功效。

28. 十大功劳（细叶十大功劳）

拉丁学名 *Mahonia fortunei* (Lindl.) Fedde 小檗科 Berberidaceae 十大功劳属 *Mahonia*

【识别特征】 灌木，高0.5～4米。叶倒卵形至倒卵状披针形，长10～28厘米，宽8～18厘米，具2～5对小叶，上面暗绿色至深绿色，背面淡黄色；小叶狭披针形至狭椭圆形，长4.5～14厘米，宽0.9～2.5厘米，边缘每边具5～10刺齿。总状花序4～10个簇生；花黄色；外萼片卵形或三角状卵形。浆果球形，紫黑色，被白粉。花期7—9月，果期9—11月。

【习性与生境】 喜温暖湿润气候，性强健，耐阴，有一定的耐寒性，喜排水良好的酸性腐殖土，不耐碱；有较强的分蘖和侧芽萌发能力。生于山坡沟谷林中、灌丛中、路边或河边。

【繁殖方式】 播种、扦插、分株、组织培养等。

【观赏特性】 春色叶。叶形奇特、秀丽，新叶橙黄色、橙红色，花黄似锦，果实成熟后呈蓝紫色，颇为美观。

【园林用途】 可作绿篱，或丛植于假山一侧，亦可作盆栽；对二氧化硫的抗性较强，也是工厂、矿区的优良美化植物。

【其他经济价值】 花、根、茎可药用，有清热解毒、止咳化痰的功效。

29. 南天竹

拉丁学名 *Nandina domestica* Thunb.　　小檗科 Berberidaceae　南天竹属 *Nandina*

【识别特征】 常绿小灌木，高1～3米。叶互生，集生于茎的上部，三回羽状复叶，长30～50厘米；二至三回羽片对生；小叶薄革质，椭圆形或椭圆状披针形，长2～10厘米，宽0.5～2厘米，全缘，上面深绿色，冬季变红色，背面叶脉隆起；近无柄。圆锥花序直立；花小，白色，具芳香。浆果球形，熟时鲜红色。种子扁圆形。花期3—6月，果期5—11月。

【习性与生境】 喜光，但忌烈日暴晒，耐半阴，喜温暖湿润气候，喜肥沃湿润且排水良好的土壤；是石灰岩钙质土的指示植物。生于山地林下沟旁、路边或灌丛中。

【繁殖方式】 播种、分株、扦插等。

【观赏特性】 春秋色叶。姿态优雅，白花如雪，叶形似竹；春叶呈深紫色、紫红色、淡红色等，秋冬叶呈紫红色或红色；果序红艳，挂果期长，是赏叶、观果佳品。经修剪促萌可延长红叶的观赏期。

【园林用途】 可片植于林缘作色叶耐阴植物，亦可配植于亭廊、白墙、假山等，也常作盆景观赏。

【其他经济价值】 根、茎可药用，有清热除湿、通经活络的功效。

30. 斑叶野木瓜

拉丁学名 *Stauntonia maculata* Merr.　　木通科 Lardizabalaceae　野木瓜属 *Stauntonia*

【识别特征】 木质藤本。茎皮绿色带紫色。掌状复叶通常有小叶5～7片，近枝顶的叶有时具小叶3片；叶柄长3.5～9厘米；小叶革质，披针形至长圆状披针形，长5～12厘米，宽1～3厘米，上面深绿色，下面淡绿色，密布绿色更淡的明显斑点。总状花序数个簇生于叶腋，下垂，长5～6厘米；花雌雄同株，浅黄绿色。果椭圆状或长圆状，长4～6厘米，直径约2.5厘米。种子近三角形，略扁，干时褐色。花期3—4月，果期8—10月。

【习性与生境】 喜温暖湿润环境。生于山地疏林或山谷溪旁向阳处。

【繁殖方式】 播种、压条。

【观赏特性】 春色叶。嫩叶紫色或紫红色，叶背具小斑点。

【园林用途】 可作庭院的垂直绿化植物。

31. 鱼木

拉丁学名 *Crateva religiosa* G. Forster　　白花菜科 Capparidaceae　鱼木属 *Crateva*

【识别特征】 落叶乔木，高可达15米。树冠伞形；树干直，树皮光滑，留有枝的脱叶痕，似鱼眼。枝条灰褐色，白色散生皮孔明显。掌状复叶互生，小叶3～5片，卵形或卵状披针形，长7～15厘米，宽3～7厘米，侧生小叶基部不对称。伞房花序着生于新枝顶端，花瓣白色转黄色，花丝细长。果球形。花期3—5月，果期7—10月。

【习性与生境】 喜光，喜温暖气候，耐旱，喜排水良好的沙壤土；生长速度中等。

【繁殖方式】 播种、压条、扦插等。

【观赏特性】 秋色叶。树冠开展，树姿秀美，先花后叶或花、叶同时开放，花姿美丽，花色鲜艳，秋叶渐变黄色。

【园林用途】 可孤植、列植，作园景树、行道树、庭院树。

32. 紫薇（痒痒树）

拉丁学名 *Lagerstroemia indica* L.　　千屈菜科 Lythraceae　紫薇属 *Lagerstroemia*

【识别特征】 落叶灌木或小乔木，高可达7米。树皮平滑，灰色或灰褐色。叶互生或有时对生，纸质，椭圆形、阔矩圆形或倒卵形，长2.5～7厘米，宽1.5～4厘米。花淡红色、紫色或白色，常组成顶生圆锥花序；花瓣6片，皱缩，具长爪。蒴果椭圆状球形或阔椭圆形，幼时绿色至黄色，成熟时或干燥时呈紫黑色，室背开裂。种子有翅。花期6—9月，果期9—12月。

【习性与生境】 喜温暖湿润气候，喜光，略耐阴，喜肥，喜深厚肥沃的沙壤土，耐干旱，忌涝，抗寒；萌蘖性强。

【繁殖方式】 播种、扦插、压条、分株、嫁接等。

【观赏特性】 春秋色叶。树形优美，花色鲜艳，嫩叶和部分老叶紫红色，是常见的观赏植物。

【园林用途】 被广泛用于公园绿化、庭院绿化、道路绿化、街区城市绿化等，可栽植于建筑物前、院落内、池畔、河边、草坪旁及公园中小径两旁，也可作盆景。

【其他经济价值】 木材坚硬、耐腐，可作农具、家具、建筑等用材；树皮、叶及花为强泻剂；根和树皮有清热解毒、利湿祛风、散瘀止血的功效。

33. 大花紫薇（大叶紫薇）

拉丁学名 *Lagerstroemia speciosa* (L.) Pers.　　千屈菜科 Lythraceae　紫薇属 *Lagerstroemia*

【识别特征】 大乔木，高可达25米。树皮灰色，平滑。小枝圆柱形。叶革质，矩圆状椭圆形或卵状椭圆形，长10～25厘米，宽6～12厘米。花淡红色或紫色；顶生圆锥花序长15～25厘米；花轴、花梗及花萼外面均被黄褐色糠秕状的密毡毛；花瓣6片，近圆形至矩圆状倒卵形，有短爪。蒴果球形至倒卵状矩圆形。种子多数。花期5—7月，果期10—11月。

【习性与生境】 喜温暖湿润气候，喜光，稍耐阴，喜生于石灰质土壤。

【繁殖方式】 播种、压条等。

【观赏特性】 春秋色叶。春叶红色、浅红色、深红色、橙黄色、黄绿色等，秋叶鲜红色；花大，色艳，花期长。

【园林用途】 可作园景树、庭院树、行道树等，常栽培于庭院、公园、小区，也可用于街道绿化和作盆栽观赏。

【其他经济价值】 木材坚硬，耐腐力强，色红而亮，常作家具、船车、桥梁、电杆、枕木及建筑等用材；树皮、叶可作泻药；种子具有麻醉性；根含单宁，可作收敛剂。

34. 虾子花（吴福花）

拉丁学名 *Woodfordia fruticosa* (L.) Kurz　　千屈菜科 Lythraceae　虾子花属 *Woodfordia*

【识别特征】 灌木，高3～5米，有长而披散的分枝。叶对生，近革质，披针形或卵状披针形，长3～14厘米，宽1～4厘米，下面被灰白色短柔毛，且具黑色腺点。1～15朵花组成短聚伞状圆锥花序，被短柔毛；萼筒花瓶状，鲜红色；花瓣小而薄，淡黄色，线状披针形，与花萼裂片等长。蒴果膜质，线状长椭圆形。种子甚小，卵状或圆锥形，红棕色。花期春季。

【习性与生境】 耐干热，喜酸性土壤，在肥沃、阳光充足之处生长较为粗壮和迅速。

【繁殖方式】 扦插、播种等。

【观赏特性】 春秋色叶。枝叶茂密，嫩叶红色，秋叶部分叶片变红色；盛花时满枝红艳状如落锅的红虾，成串悬挂，形态奇特，观赏价值高。

【园林用途】 宜于庭院、公园、花坛、水滨、池畔、草坪等处丛植，或作盆栽。

【其他经济价值】 全株含单宁，可提制栲胶；根、花可药用，有调经活血、凉血止血、通经活络的功效。

35. 八宝树

拉丁学名 *Duabanga grandiflora* (Roxb. ex DC.) Walp.　**海桑科** Sonneratiaceae　**八宝树属** *Duabanga*

【识别特征】 乔木。树皮褐灰色，有皱褶裂纹。枝下垂，螺旋状或轮生于树干上。叶阔椭圆形、矩圆形或卵状矩圆形，长12～15厘米，宽5～7厘米，顶端短渐尖，基部深裂成心形，裂片圆形；侧脉20～24对，粗壮，明显；叶柄粗厚，带红色。花5～6基数；萼筒阔杯形；花瓣近卵形；雄蕊极多数。蒴果，成熟时从顶端向下开裂成6～9枚果爿。花期春季。

【习性与生境】 喜高温高湿环境，喜光；具有较发达的根瘤，属于固氮树种；在土层深厚、表层腐殖质含量丰富的沙壤土上生长良好；萌生力强，生长速度快。常生于山谷或空旷地。

【繁殖方式】 播种、扦插等。

【观赏特性】 春色叶。植株丰满优美，春叶暗红色、鲜红色、紫红色等，观赏期较长，深受人们喜爱。

【园林用途】 可于庭院、公园等处孤植或列植。

【其他经济价值】 木材可作旋切单板、胶合板、室内装修、渔网浮子、家具组件混凝土模板、装饰线条等用材。

36．石榴（安石榴）

拉丁学名 *Punica granatum* L.　　石榴科 Punicaceae　石榴属 *Punica*

【识别特征】 灌木至小乔木，通常高3～5米。枝顶常呈尖锐长刺。叶通常对生，矩圆状披针形，长2～9厘米，上面光亮，侧脉稍细密；叶柄短。花大，1～5朵生于枝顶；萼通常红色或淡黄色；花瓣通常大，红色、黄色或白色，顶端圆形。浆果近球形，通常为淡黄褐色或淡黄绿色。种子多数，红色至乳白色。

【习性与生境】 喜温暖向阳的环境，耐旱、耐寒，也耐瘠薄，不耐涝和荫蔽，对土壤要求不严，但以排水良好的夹沙土栽培为宜。

【繁殖方式】 扦插、压条、嫁接等。

【观赏特性】 春色叶。树姿优美，枝叶秀丽，初春嫩叶红紫色，婀娜多姿；盛夏繁花似锦，色彩鲜艳；秋季累果悬挂，是观花、观果佳品。

【园林用途】 可孤植或丛植于庭院、公园一角，对植于门庭出处，列植于小道、溪旁、坡地、建筑物旁，也宜做成各种桩景和瓶插花用于观赏。

【其他经济价值】 水果植物，营养丰富；叶、皮、花均可药用。

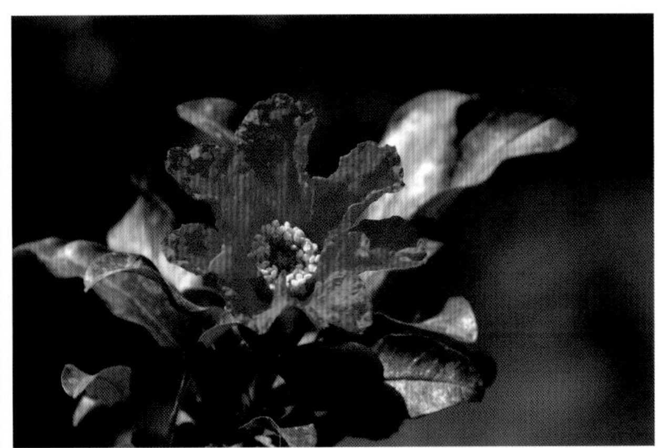

37. 土沉香（白木香）

拉丁学名 *Aquilaria sinensis* (Lour.) Spreng.　　瑞香科 Thymelaeaceae　沉香属 *Aquilaria*

【识别特征】 常绿乔木，高可达20米。树皮暗灰色，几乎平滑。小枝圆柱形，具皱纹。叶革质，圆形或椭圆形至长圆形，长5～9厘米，宽2.8～6厘米，上面暗绿色或紫绿色，光亮，下面淡绿色。花芳香，黄绿色，多朵组成伞形花序；花瓣10片，鳞片状，着生于花萼筒喉部，密被毛。蒴果卵球形，幼时绿色，密被黄色短柔毛，2瓣裂。种子褐色，卵球形。花期春夏季，果期夏秋季。

【习性与生境】 弱阳性树种，喜高温多雨的湿润气候，喜土层厚、腐殖质多、湿润疏松的砖红壤性沙质土，喜生于低海拔的山地、丘陵及路边阳处疏林中。

【繁殖方式】 播种、扦插等。

【观赏特性】 秋色叶。终年常绿，枝叶繁茂，树姿优雅。新叶淡绿色，逐渐变为深绿色且具亮泽，秋叶部分叶片变黄色，春夏季开花时，芳香四溢，果形奇特。

【园林用途】 可作园景树，也是生物多样性科普材料（国家Ⅱ级重点保护野生植物）。

【其他经济价值】 传统名贵药材和名贵的天然香料，有镇静、止痛、收敛、祛风等功效。

38. 金边瑞香（瑞香）

拉丁学名 *Daphne odora* 'Aureomarginata'　　瑞香科 Thymelaeaceae　瑞香属 *Daphne*

【识别特征】 常绿灌木。枝通常二歧分枝，小枝近圆柱形，紫红色或紫褐色。叶互生，纸质，长圆形或倒卵状椭圆形，长7～13厘米，宽2.5～5厘米，边缘全缘，侧脉与中脉在两面均明显隆起，叶面光滑而厚，表面深绿色，叶背淡绿色，叶缘金黄色；叶柄粗短。花外面淡紫红色，里面肉红色，数朵至12朵组成顶生头状花序。果实红色。花期3—5月，果期7—8月。

【习性与生境】 耐阴性强，忌阳光暴晒，喜腐殖质多、排水良好的酸性土壤，耐寒性差。

【繁殖方式】 播种、扦插、压条等。

【观赏特性】 常色叶。树姿优美，枝条苍劲，金片玉叶，叶缘镶金边，整齐光亮，青翠浓绿，终年茂盛，花香浓郁，四季可赏。

【园林用途】 宜孤植、丛植于庭院、花坛、石旁、坡上、树丛之半阴处，列植于道路两旁极为美观，也可作盆栽，置于厅堂、阳台等处。

【其他经济价值】 根、茎、叶、花均可药用，有清热解毒、消炎止痛、活血祛瘀、散结的功效。

39. 花叶叶子花（斑叶叶子花）

拉丁学名 *Bougainvillea glabra* 'Sanderiana Variegata'　　紫茉莉科 Nyctaginaceae　叶子花属 *Bougainvillea*

【识别特征】 常绿藤状灌木。枝长可达5米，具刺，腋生。叶互生，纸质，椭圆形或卵形，有乳黄色斑块。花序腋生或顶生；苞片椭圆状卵形，基部圆形或心形，长2.5～6.5厘米，宽1.5～4厘米，白色、暗红色、紫红色、粉色及复色等。花期几乎全年。

【习性与生境】 喜温暖湿润环境，喜光，不耐阴，不耐寒，对土壤要求不严。

【繁殖方式】 压条、扦插等。

【观赏特性】 常色叶。花繁叶茂，常年开花不断，叶色斑驳，极具观赏价值。

【园林用途】 适用于栅栏、围墙及山石的立体绿化，也可修剪成灌木，植于山石边、水岸、路边或庭院中。

40. 五桠果

拉丁学名 *Dillenia indica* L.　　五桠果科 Dilleniaceae　五桠果属 *Dillenia*

【识别特征】 常绿乔木，高可达25米。树皮红褐色。叶长圆形或倒卵状长圆形，长15～40厘米，先端具短尖头，基部宽楔形，两面初被柔毛，不久脱落，仅下面脉上被毛，具锯齿，齿尖锐利；叶柄具窄翅。花单生于枝顶叶腋；萼片肉质；花瓣白色。果球形，不裂。种子扁，边缘有毛。花期7月。

【习性与生境】 喜高温、湿润、阳光充足的环境，对土壤要求不严，但以土层深厚、湿润、肥沃的微酸性壤土为宜。喜生于山谷、溪旁水湿地带。

【繁殖方式】 播种。

【观赏特性】 春色叶。树姿优美，嫩叶紫红色，侧脉延伸成锯齿，十分奇特；树冠开展如盖，分枝低，下垂至近地面，具有极高的观赏价值。

【园林用途】 可作庭院观赏树种、行道树或果树；其叶叶形优美，叶脉清晰，作观叶盆栽也极为适宜。

【其他经济价值】 果实多汁且略带酸味，可作为果酱原料。

41. 大花五桠果（大花第伦桃）

拉丁学名 *Dillenia turbinata* Finet et Gagnep.　　五桠果科 Dilleniaceae　五桠果属 *Dillenia*

【识别特征】 常绿乔木，高可达30米。枝密被褐色柔毛，后脱落。叶倒卵形或长倒卵形，长12～30厘米，先端圆或钝，稀尖，基部楔形下延成窄翅状，具锯齿，上面中脉及侧脉被硬毛，下面被褐色硬毛；叶柄被锈色硬毛。总状花序顶生；萼片肉质；花瓣薄，膜质，倒卵形，黄色，有时黄白色或浅红色。果近球形，不裂，暗红色。花期4—5月。

【习性与生境】 喜温暖湿润环境，喜光，耐半阴，以土层深厚、肥沃、排水良好的沙壤土或冲积土为宜。生于常绿林中。

【繁殖方式】 播种、扦插。

【观赏特性】 春色叶。树干通直，树姿优美，树冠开展，叶大浓密，嫩叶红艳，花、果延续枝端，花大耀眼，果红娇艳，具有极高的观赏价值。

【园林用途】 宜作行道树或于庭院孤植、对植或丛植造景，也是引鸟树种。

【其他经济价值】 木材为散孔材，纹理通直，心材暗红棕色，边材色较浅，结构粗糙，材质稍软而重，易于加工，可作一般建筑、农具、家具等用材；果实多汁微甜，可食用，也可制果酱；果和叶可药用。

42. 锡叶藤

拉丁学名 *Tetracera sarmentosa* Vahl.　　五桠果科 Dilleniaceae　锡叶藤属 *Tetracera*

【识别特征】 木质藤本，长可达20米或更长，多分枝，枝条粗糙。叶革质，极粗糙，矩圆形，长4～12厘米，宽2～5厘米，全缘或上半部有小钝齿；侧脉在下面显著凸起。圆锥花序顶生或生于侧枝顶，被贴生柔毛，花序轴常为“之”字形屈曲；花多数，花瓣通常3片，白色，卵圆形。果实成熟时黄红色。花期4—5月。

【习性与生境】 喜光、怕寒，对于土壤的要求不高。生于山坡、灌木丛、林下、丘陵或近水的沟谷地带。

【繁殖方式】 压条、播种。

【观赏特性】 春色叶。嫩叶鲜红色、紫红色、暗红色、橙黄色等。叶粗糙，富野趣。

【园林用途】 可用于棚架、墙体、岩石边等绿化。

【其他经济价值】 根、茎叶可药用，有收涩固脱、消肿止痛的功效。

43. 斯里兰卡天料木（红花天料木、红花母生）

拉丁学名 *Homalium ceylanicum* (Gardn.) Benth.　　大风子科 Flacourtiaceae　天料木属 *Homalium*

【识别特征】 乔木，高可达40米。树干通直，树皮灰白色至灰褐色。单叶互生，薄革质，长圆形或椭圆状长圆形，长6～10厘米，宽2.5～5厘米，全缘或有极疏不明显钝齿；中脉在下面凸起，侧脉8～10对，网脉明显。花外面淡红色，内面白色，3～4朵簇生而排成总状。蒴果倒圆锥形，果熟时由青绿色转至暗褐色。花期6月至翌年2月，果期10—12月。

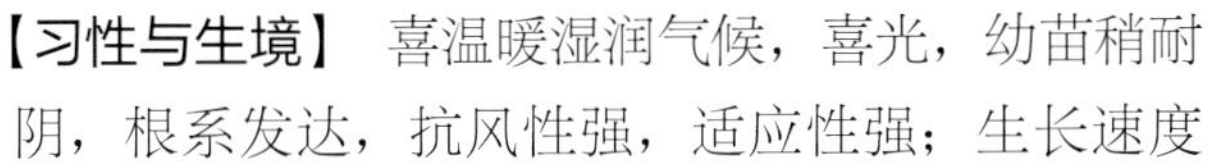

【习性与生境】 喜温暖湿润气候，喜光，幼苗稍耐阴，根系发达，抗风性强，适应性强；生长速度较缓慢。常生于山谷疏林中和林缘。

【繁殖方式】 播种。

【观赏特性】 春秋色叶。树形高大，树干通直，天然整枝良好，嫩叶带紫红色，秋叶部分变红色、黄色，开花时粉红色的花序挂满枝头，树形、枝干、叶片及花都极具观赏性。

【园林用途】 可孤植、列植、片植，作行道树、园景树，也可作为生态风景林上层的优良乔木树种。

【其他经济价值】 木材优良，结构细密，纹理清晰，为建筑、桥梁和家具的重要用材。

44. 山桐子

拉丁学名 *Idesia polycarpa* Maxim. 大风子科 Flacourtiaceae 山桐子属 *Idesia*

【识别特征】 落叶乔木，高8～21米。小枝圆柱形，黄棕色，有明显皮孔。叶薄革质或厚纸质，卵形或心形，长13～16厘米，宽12～15厘米，互生，先端渐尖，基部心形，掌状五出脉，疏生锯齿；叶柄下部有2～4个紫色扁平腺体。花单性，雌雄异株，黄绿色，有芳香，圆锥花序顶生或腋生。浆果成熟期紫红色，近圆形。花期4—5月，果期10—11月。

【习性与生境】 阳性树种，喜温暖湿润气候，较耐寒，不耐瘠薄，不耐阴，在湿润、肥沃、深厚土壤中生长为宜。生于山坡、山洼等林中。

【繁殖方式】 播种、扦插等。

【观赏特性】 春秋色叶。树形雄伟，枝叶茂密，春叶淡红色，秋叶红黄色，花艳黄色、芳香，果色红艳，色彩丰富。

【园林用途】 可作庭荫树、行道树、风景树，是山地、园林绿化的优良树种。

【其他经济价值】 蜜源植物；木材松软，可作建筑、家具、器具等的用材；果实、种子均含油脂。

45. 越南抱茎茶（海棠茶）

拉丁学名 *Camellia amplexicaulis* Cohen Stuart 山茶科 Theaceae 山茶属 *Camellia*

【识别特征】 常绿小乔木，高可达3米。单叶，互生，狭长，浓绿色，长椭圆形，长达20厘米，先端尖，叶脉显著，叶缘有锯齿，基部心形；叶柄很短，抱茎。花苞片紫红色；花蕾球形、红色；花钟状，下垂或侧斜展，花瓣10～15片，紫红色。蒴果球形。花期夏季至秋季，甚至全年。果期秋冬季。

【习性与生境】 喜光，耐阴，喜排水良好、微酸性、土层深厚的土壤。

【繁殖方式】 播种、嫁接。

【观赏特性】 春色叶。嫩叶暗红色、紫红色、橙黄色，花色艳丽，是珍贵的观赏花木。

【园林用途】 可于绿地、公园、住宅小区、城市广场、花坛和绿化带中孤植、丛植，也可以与其他植物组合应用，亦可作为室内观叶植物和观赏花卉盆栽。

46. 红皮糙果茶

拉丁学名 *Camellia crapnelliana* Tutch　　山茶科 Theaceae　山茶属 *Camellia*

【识别特征】 常绿小乔木，高5～7米。树皮红色。叶硬革质，倒卵状椭圆形至椭圆形，长8～12厘米，宽4～5厘米，上面深绿色，下面灰绿色；侧脉约6对，在下面明显凸起；边缘有细钝齿。花顶生，单花，近无柄；苞片3片，紧贴着萼片；萼片5片，倒卵形；花冠白色，花瓣6～8片，倒卵形。蒴果球形，3室，每室有种子3～5颗。花期10—12月，果实秋后成熟。

【习性与生境】 喜温暖湿润气候，喜生于低海拔、富含腐殖质的红壤。

【繁殖方式】 播种、扦插。

【观赏特性】 春色叶。树干挺拔，枝条自然下垂，树形优美，叶大荫浓，嫩叶红色，花大且密，红褐色的大茶果垂在枝条上，甚是可爱。

【园林用途】 可孤植于草坪绿茵中或中心花坛，或对植于建筑物前、三岔路口或是入口等处，也可配植在道路两边作为行道树，或植于街头绿地、广场小游园、风景林以及山茶专类园的入口处。

47. 山茶（茶花）

拉丁学名 *Camellia japonica* L.　　山茶科 Theaceae　山茶属 *Camellia*

【识别特征】 灌木或小乔木，高可达9米。叶革质，椭圆形，先端略尖，基部阔楔形，上面深绿色，干后发亮，下面浅绿色；侧脉7～8对，在上下两面均能见。花顶生，红色，无柄；苞片及萼片约10片；花瓣6～7片，外侧2片近圆形。蒴果圆球形，2～3室，每室有种子1～2颗，3爿裂开，果爿厚木质。花期1—4月。

【习性与生境】 喜温暖、湿润和半阴的环境，生长适温为18～25℃；露地栽培宜选择土层深厚、疏松、排水性好、微酸性的壤土。

【繁殖方式】 扦插、嫁接、压条、播种等。

【观赏特性】 春色叶。树冠多姿，叶色翠绿，嫩叶浅红色、红褐色、暗红色、黄绿色等，花大艳丽，枝叶繁茂，四季常青，是重要的观赏花木。

【园林用途】 可配植于疏林边缘、假山旁、亭台附近，或于庭院中散植，或于森林公园的林缘、路旁散植或丛植，亦可作盆栽观赏。

【其他经济价值】 油料植物，也是冬季、春季主要蜜源植物；花可药用，有收敛、止血、凉血、调胃、理气、散瘀、消肿等功效。

48．油茶（山油茶）

拉丁学名 *Camellia oleifera* Abel.　　山茶科 Theaceae　山茶属 *Camellia*

【识别特征】 常绿灌木或乔木。单叶革质，椭圆形、长圆形或倒卵形，上面深绿色，发亮，中脉有粗毛或柔毛，下面浅绿色，无毛或中脉有长毛，边缘有细锯齿，有时具钝齿；叶柄有粗毛。花顶生，近于无柄；苞片与萼片约10片；花瓣白色，5～7片，倒卵形。蒴果球形或卵圆形。花期冬春间。

【习性与生境】 喜温暖湿润气候，喜光，幼年期较耐阴，对土壤要求不高，以深厚、排水良好的沙壤土为最宜；深根性树种，主根发达，萌蘖性较强。

【繁殖方式】 播种、扦插、嫁接等。

【观赏特性】 春色叶。嫩叶浅红色，花色纯白，也是冬季蜜源植物。

【园林用途】 可在园林中丛植或作花篱用；在大面积的风景区中还可结合景致与生产进行栽培；又为优良防火树种。

【其他经济价值】 种子榨油可供食用、润发及调药，可制蜡烛和肥皂，也可作机油的代用品；茶饼既是农药，又是肥料；果皮是提制栲胶的原料；根可用于治急性咽喉炎、胃痛、扭挫伤，茶子饼外用可治皮肤瘙痒。

49．金花茶

拉丁学名 *Camellia petelotii* (Merrill) Sealy　　**山茶科** Theaceae　**山茶属** *Camellia*

【识别特征】 灌木，高2～3米。叶革质，长圆形、披针形或倒披针形，长11～16厘米，宽2.5～4.5厘米，上面深绿色，发亮，下面浅绿色，有黑腺点；中脉及侧脉7对，在下面凸起；边缘有细锯齿。花黄色，腋生；苞片5片，散生，宿存；萼片5片；花瓣8～12片，近圆形。蒴果扁三角球形，3爿裂开。种子6～8颗。花期11—12月。

【习性与生境】 喜温暖湿润气候，喜排水良好的酸性土壤，苗期喜阴。

【繁殖方式】 播种、扦插、嫁接、组织培养等。

【观赏特性】 春色叶。蜡质的绿叶晶莹光洁，嫩叶紫红色，花蕾浑圆，金瓣玉蕊，娇艳多姿，秀丽雅致。

【园林用途】 可孤植或丛植，作园景树，或林下于其他植物前点缀，亦可作盆栽。

【其他经济价值】 被誉为“植物界大熊猫”，有明显的降血糖和降尿糖作用。

50. 大头茶

拉丁学名 *Polyspora axillaris* (Roxburgh ex Ker Gawler) Sweet　　山茶科 Theaceae　大头茶属 *Polyspora*

【识别特征】 常绿乔木。叶厚革质，倒披针形，长6～14厘米，宽2.5～4厘米，全缘，或近先端有少数齿刻；叶柄长1～1.5厘米，粗大。花生于枝顶叶腋，直径7～10厘米，白色，花柄极短；花瓣5片，最外1片较短，外面有毛，其余4片阔倒卵形或心形，先端凹入。蒴果，5爿裂开。种子长1.5～2厘米。花期10月至翌年1月，果期翌年2—8月。

【习性与生境】 喜温暖湿润气候及富含腐殖质的酸性壤土。

【繁殖方式】 播种、扦插。

【观赏特性】 春色叶。树形秀丽，花大而华丽，嫩叶黄红色或浅红色至深红色等；花大，白色。

【园林用途】 可作庭院树、行道树、园景树等，亦可造林作防护林树种。

【其他经济价值】 木材淡红色，质地密致坚韧，可作建材及薪炭；茎皮可药用，可活络止痛。

51. 木荷（荷木）

拉丁学名 *Schima superba* Gardn. et Champ. 山茶科 Theaceae 木荷属 *Schima*

【识别特征】 大乔木，高可达25米。叶革质或薄革质，椭圆形，长7～12厘米，宽4～6.5厘米，上面干后发亮，下面无毛；侧脉7～9对，在两面明显；边缘有钝齿。花生于枝顶叶腋，常多朵排成总状花序；花白色；萼片半圆形；花柄长1～2.5厘米，纤细。蒴果扁球形。花期6—8月。

【习性与生境】 喜温暖湿润气候，喜光，幼年稍耐阴，适应性较强，在疏松肥厚的沙壤土生长良好；萌芽力强，生长速度快。

【繁殖方式】 播种。

【观赏特性】 春色叶。树干端直，树形整齐，树冠饱满，四季常青；花白色，芳香；春季新叶嫩红色集生于枝端，入冬叶色渐转暗红色，极为美观。

【园林用途】 可作庭荫树、行道树及风景林树种；叶厚革质，极其耐火，是优良的防火树种；也适合工厂、矿区绿化。

【其他经济价值】 材质坚韧，结构细致，耐久用，易加工，是桥梁、船舶、车辆、建筑、农具、家具、胶合板等优良用材；树皮、树叶含单宁。

52. 厚皮香

拉丁学名 *Ternstroemia gymnanthera* (Wight et Arn.) Beddome　山茶科 Theaceae　厚皮香属 *Ternstroemia*

【识别特征】 灌木或小乔木，高可达10米。树皮灰褐色，平滑。叶革质或薄革质，常簇生于枝顶，椭圆形至长圆状倒卵形，长5.5～9厘米，宽2～3.5厘米，先端短渐尖或骤短尖，全缘；中脉在下面隆起，侧脉5～6对。花两性或单性，萼片5片，卵圆形或长圆卵形；花瓣5片，淡黄白色，倒卵形。果球形。种子肾形，每室1个，成熟时肉质假种皮红色。花期5—7月，果期8—10月。

【习性与生境】 喜温暖湿润气候，喜光，耐半阴，在阳光暴晒处生长不良，根系发达，较耐旱，不耐积水；萌芽力弱，不耐修剪，寿命长。生于山地林中、林缘路边或近山顶疏林中。

【繁殖方式】 播种、扦插等。

【观赏特性】 春色叶。树形优美，枝叶繁茂，春季新叶鲜红色，集生于枝端，老叶浓绿，红绿相称。

【园林用途】 宜丛植于林缘、围墙半阴处，或配植于庭院、假山、亭廊等处，作庭荫树及防护林树种。

【其他经济价值】 木材红色，坚硬致密，可作车辆、家具、农具与工艺用材；种子含油脂，可制油漆、肥皂等；树皮含单宁，可提制栲胶和茶褐色染料。

53. 五列木

拉丁学名 *Pentaphylax euryoides* Gardn. et Champ.　五列木科 Pentaphylacaceae　五列木属 *Pentaphylax*

【识别特征】 常绿乔木或灌木，高4～10米。小枝圆柱形，灰褐色。单叶互生，革质，卵形、卵状长圆形或长圆状披针形，长5～9厘米，宽2～5厘米，全缘略反卷。总状花序腋生或顶生；花白色，花瓣长圆状披针形或倒披针形。蒴果椭圆状，褐黑色。种子线状长圆形，红棕色，先端极压扁或呈翅状。

【习性与生境】 喜光，喜温暖湿润气候，不耐干旱和寒冷，对土质要求不严，抗风力强。生于密林中。

【繁殖方式】 播种。

【观赏特性】 春色叶。株干挺秀，冠形茂密，郁郁葱葱，嫩叶浅红色至鲜红色，色彩丰富。

【园林用途】 可片植作庭荫树、防护林。

【其他经济价值】 木材细致，纹理通直，材质稍硬，材色均匀具光泽，可作一般建筑及普通农具、家具等用材。

54. 中华猕猴桃（奇异果）

拉丁学名 *Actinidia chinensis* Planch.　　猕猴桃科 Actinidiaceae　猕猴桃属 *Actinidia*

【识别特征】 大型落叶藤本。叶纸质，营养枝之叶宽卵圆形或椭圆形，花枝之叶近圆形；叶长6～17厘米，宽7～15厘米，基部楔状稍圆、截平至浅心形，具睫状细齿。聚伞花序具1～3朵花；苞片卵形或钻形；花初白色，后橙黄色；花瓣3～7片，宽倒卵形。果黄褐色，近球形，被灰白色茸毛，易脱落。花期4月中旬至5月中下旬。

【习性与生境】 喜欢腐殖质丰富、排水良好的土壤，喜光，生长快速。

【繁殖方式】 播种、嫁接、扦插等。

【观赏特性】 春色叶。藤蔓修长，叶大荫浓，花有白、黄两色，具芳香；新叶呈紫红色、鲜红色、暗红色或紫褐色，偶有金黄色，经常修剪可延长观赏期。

【园林用途】 可作公园、庭院美化树种，配植于藤架。

【其他经济价值】 常见水果，甜酸可口，风味佳。

55. 水东哥（鼻涕果）

拉丁学名 *Saurauia tristyla* DC.　　猕猴桃科 Actinidiaceae　水东哥属 *Saurauia*

【识别特征】 常绿灌木或小乔木，高3～6米。树冠卵形至伞形。叶薄革质，倒卵状椭圆形，长10～28厘米，宽4～11厘米，顶端短渐尖至尾状渐尖，基部楔形，叶缘具刺状锯齿，两面中、侧脉具钻状刺毛或爪甲状鳞片。聚伞花序1～4个簇生于叶腋，被毛和鳞片，聚生于树干和枝条上；花坛状，红色或白色。果球形，白色、绿色或淡黄色。花期6—7月，果期9—12月。

【习性与生境】 耐干旱，亦耐水湿，耐半阴，抗逆性较强。适生于山边、水边、疏林下。

【繁殖方式】 播种。

【观赏特性】 春色叶。叶片硕大，手感粗糙，奇异可赏，嫩叶红色；花期长，坛状的小花开满茎干，殷红艳丽，或洁白晶莹，十分美丽。

【园林用途】 可于各类庭院、公园、疏林下及水溪旁孤植、丛植，作庭院树、风景树。

【其他经济价值】 果实可食用；根、叶可药用，有清热解毒、凉血的功效。

56. 坡垒

拉丁学名 *Hopea hainanensis* Merr. et Chun　**龙脑香科** Dipterocarpaceae　**坡垒属** *Hopea*

【识别特征】 常绿乔木，高约20米，具白色芳香树脂。树皮灰白色或褐色，具白色皮孔。叶近革质，长圆形至长圆状卵形，长8～14厘米，宽5～8厘米。圆锥花序腋生或顶生，长3～10厘米，密被短的星状毛或灰色茸毛；花偏生于花序分枝的一侧；花萼裂片5，覆瓦状排列；花瓣5片，旋转排列。果实卵圆形，具尖头，被蜡质。花期6—9月，果期11—12月。

【习性与生境】 喜高温多雨环境，较耐阴；深根性，抗风。生于密林中。

【繁殖方式】 播种、扦插、嫁接等。

【观赏特性】 春色叶。树干挺直，枝叶浓密，嫩叶浅红色，有热带雨林特色的板状根。

【园林用途】 可列植作行道树、园景树，也作生态风景林树种。

【其他经济价值】 淡黄色树脂可药用和作为油漆原料；材质坚重，纹理交错，结构致密，不易变形，材色美观，切面具有油润光泽，特别耐水浸，可作船、桥梁、码头、家具、建筑等用材。

57. 红千层（瓶刷木）

拉丁学名 *Callistemon rigidus* R. Br.　　桃金娘科 Myrtaceae　红千层属 *Callistemon*

【识别特征】 小乔木。树皮坚硬，灰褐色；嫩枝有棱。叶片坚革质，线形，长5～9厘米，宽3～6毫米，先端尖锐，油腺点明显，干后凸起；中脉在两面均凸起，侧脉明显，边脉位于边上，凸起；叶柄极短。穗状花序生于枝顶；花瓣绿色，卵形，有油腺点；雄蕊鲜红色。蒴果半球形，先端截平，萼管口圆，果瓣稍下陷，3爿裂开。种子条状。花期6—8月。

【习性与生境】 喜暖热气候，极耐旱，耐瘠薄，不耐寒，不耐阴，喜肥沃潮湿的酸性土壤；萌芽力强，耐修剪，抗风。

【繁殖方式】 播种。

【观赏特性】 春色叶。树姿优美，花形奇特，嫩叶紫红色、暗红色等，观赏价值高。

【园林用途】 适于庭院美化，作观花树、行道树、园景树、风景树，还可作防风林树种、切花或大型盆栽，亦可修剪整枝成盆景。

【其他经济价值】 香料植物，其小叶芳香，可提取香油；枝叶可药用，有祛风、化痰、消肿等功效。

58. 红果仔（番樱桃）

拉丁学名 *Eugenia uniflora* L.　　桃金娘科 Myrtaceae　番樱桃属 *Eugenia*

【识别特征】 灌木或小乔木，高可达5米。叶片纸质，卵形至卵状披针形，长3.2～4.2厘米，宽2.3～3厘米，上面绿色发亮，下面颜色较浅，两面无毛，有无数透明腺点；叶柄极短。花白色，稍芳香，单生或数朵聚生于叶腋，短于叶；萼片4片，长椭圆形，外反。浆果球形，有8棱，熟时深红色，有种子1～2颗。花期春季。

【习性与生境】 喜温暖湿润环境，在阳光充足处和半阴处都能正常生长，不耐干旱，也不耐寒，以肥沃、排水良好、日照充足的沙壤土为宜。

【繁殖方式】 播种。

【观赏特性】 树形优美，叶色浓绿，四季常青，嫩叶深红色，果实形状奇特，红果累累，极为美观。

【园林用途】 可作园景树、庭院树，或作盆栽观赏。

【其他经济价值】 果肉多汁，稍带酸味，可食用。

59. 溪畔白千层（黄金串钱柳、千层金）

拉丁学名 *Melaleuca bracteata* F. Muell.　　桃金娘科 Myrtaceae　白千层属 *Melaleuca*

【识别特征】 常绿灌木或小乔木。主干直立，小枝细柔至下垂，微红色，被柔毛。叶互生，革质，金黄色，披针形或狭长圆形，长1～2厘米，宽2～3毫米，两端尖，基出脉5条，具油腺点，香气浓郁。穗状花序生于枝顶，花后花序轴能继续伸长；花白色；萼管卵形，先端5小圆齿裂；花瓣5片。蒴果近球形，3裂。

【习性与生境】 适应气候带范围广，耐短时间的－7℃低温；对土壤要求不严，深根性，枝条柔韧，抗风力强，耐修剪。

【繁殖方式】 扦插、压条、组织培养等。

【观赏特性】 常色叶。枝条细长柔软，嫩枝红色，叶秋、冬、春三季表现为金黄色，夏季由于温度较高为鹅黄色，芳香宜人，是著名色叶观赏树种。

【园林用途】 可作为家庭盆栽，也可用于切花配叶、公园造景、修剪造型等，广泛用于庭院、道路、居住区绿化。

【其他经济价值】 枝叶可提取香精，是高级化妆品原料；也可作香薰、熬水、沐浴用料，香气清新，舒筋活络，有良好的保健功效。

60. 番石榴

拉丁学名 *Psidium guajava* L.　　桃金娘科 Myrtaceae　番石榴属 *Psidium*

【识别特征】 常绿乔木，高可达13米。树皮平滑，灰色，片状剥落。叶片革质，长圆形至椭圆形，长6～12厘米，宽3.5～6厘米，上面稍粗糙，下面有毛；侧脉12～15对，常下陷，网脉明显。花单生或2～3朵排成聚伞花序；萼管钟形，萼帽近圆形，不规则裂开；花瓣白色。浆果球形、卵圆形或梨形，顶端有宿存萼片，果肉白色及黄色。种子多数。

【习性与生境】 适宜热带气候，怕霜冻，对土壤要求不严，以排水良好的沙壤土、黏壤土为宜。常生于荒地或低丘陵上，华南各地有栽培，常见有逸为野生种。

【繁殖方式】 嫁接、压条、扦插、分株、播种等。

【观赏特性】 春色叶。嫩叶暗红色或橙黄色，果大，可观赏。

【园林用途】 宜作园景树或盆栽。

【其他经济价值】 常见水果；叶含挥发油及单宁，可药用，有止痢、止血、健胃等功效；叶经开水浸泡后晒干，可代茶饮。

61. 赤楠（鱼鳞木）

拉丁学名 *Syzygium buxifolium* Hook. et Arn.　　桃金娘科 Myrtaceae　蒲桃属 *Syzygium*

【识别特征】 灌木或小乔木，高可达5米。叶片革质，阔椭圆形至椭圆形，上面干后暗褐色，无光泽，下面稍浅色，有腺点，侧脉多而密；叶柄长2毫米。聚伞花序顶生，有花数朵；花梗长1～2毫米；花瓣4片，白色，离生。果实球形，成熟时紫黑色。花期6—8月。

【习性与生境】 喜温暖湿润气候，喜光，耐半阴，喜疏松肥沃、排水良好的酸性土壤。常生于低山疏林或灌丛。

【繁殖方式】 播种、扦插等。

【观赏特性】 春色叶。树形苍劲、枝叶浓密，新叶嫩红色，果实紫红色，集生于枝端，甚是美观。可通过修剪促进新叶萌发，从而延长观赏期。

【园林用途】 可培植于庭院、假山、草坪、林缘观赏，或修剪造型为球形灌木，或作色叶绿篱片植，亦常作盆景树种。

【其他经济价值】 果可生食或酿酒。

62. 乌墨（海南蒲桃）

拉丁学名 *Syzygium cumini* (L.) Skeels　　桃金娘科 Myrtaceae　蒲桃属 *Syzygium*

【识别特征】 常绿乔木，高可达15米。嫩枝圆形，干后灰白色。叶片革质，阔椭圆形至狭椭圆形，长6～12厘米，宽3.5～7厘米；侧脉多而密，离边缘1毫米处结合成边脉；叶柄长1～2厘米。圆锥花序腋生或生于花枝上，偶有顶生，长可达11厘米；花白色，3～5朵簇生。果实卵圆形或壶形，长1～2厘米，上部有长1～1.5毫米的宿存萼筒。种子1颗。花期2—3月。

【习性与生境】 喜温暖湿润气候，喜光，适应性强，对土壤要求不严，根系发达，主根深，抗风力强；抗污染性强。生于低地次生林及荒地上。

【繁殖方式】 播种。

【观赏特性】 春色叶。树干通直，树姿挺拔高大，树冠浓密常绿，嫩叶紫红色、暗红色、红褐色、橙黄色等；盛花季节，白花满树，洁净素雅，花芳香；盛夏果熟时，紫蓝色的果实挂满树，是优良的观叶、观花、观果树种。

【园林用途】 优良庭院树、行道树，可片植或列植；根深发达，耐高温和耐干旱，也是优良的四旁绿化和防护林树种；树皮厚，具有较强的防火性能，也可作为防火林带树种。

【其他经济价值】 木材淡褐色，结构细致，纹理交错，有光泽，耐腐，不受虫蛀，不易翘裂，可作船、建筑、桥梁、枕木、家具和农具等用材；树皮含单宁，可作栲胶原料。

63. 红鳞蒲桃（红车）

拉丁学名 *Syzygium hancei* Merr. et Perry　　桃金娘科 Myrtaceae　蒲桃属 *Syzygium*

【识别特征】 常绿乔木，高可达20米。嫩枝圆形，干后变黑褐色。叶片革质，倒卵形或狭椭圆形至长圆形，长3～7厘米，宽1.5～4厘米，先端钝或略尖，基部阔楔形或较狭窄，上面干后暗褐色，有多数细小而下陷的腺点，下面同色。圆锥花序腋生，长1～1.5厘米；花瓣4片，分离，圆形。果实球形。花期7—9月。

【习性与生境】 喜高温高湿环境，生长适温为22～30℃，对土壤要求不严，适应性较强，生长速度中等。常生于疏林中。

【繁殖方式】 播种、扦插、嫁接等。

【观赏特性】 春色叶。枝叶葱翠茂密，树形整齐美观，新叶红艳、有光泽，小花白色且多，果熟时满树红果，花、果均可观赏。

【园林用途】 适作行道树或庭荫树，亦可作为防风树种栽培。

【其他经济价值】 果可食用；根皮、果可药用，有凉血、收敛的功效。

64. 蒲桃（水蒲桃）

拉丁学名 *Syzygium jambos* (L.) Alston　　桃金娘科 Myrtaceae　蒲桃属 *Syzygium*

【识别特征】 常绿乔木，高可达10米。主干极短，广分枝。小枝圆形。叶片革质，披针形或长圆形，长12～25厘米，宽3～4.5厘米，叶面多透明细小腺点。聚伞花序顶生，有花数朵；花白色，花瓣分离，阔卵形。果实球形，果皮肉质，成熟时黄色，有油腺点。种子1～2颗，多胚。花期3—4月，果期5—6月。

【习性与生境】 耐水湿植物，喜暖热气候，喜光，耐旱瘠，喜生于河边及河谷湿地；根系发达，生长迅速，适应性强。

【繁殖方式】 播种、扦插、嫁接等。

【观赏特性】 春色叶。树冠丰满浓郁，新叶暗红色、浅红色、橙黄色等，花、叶、果均可观赏。

【园林用途】 可作庭荫树、园景树，或作固堤、防风树。

【其他经济价值】 果实可食用，也可与其他原料制成果膏、蜜饯或果酱；根皮、果可药用，有凉血、收敛的功效。

65. 山蒲桃（白车）

拉丁学名 *Syzygium levinei* Merr. et Perry　　桃金娘科 Myrtaceae　蒲桃属 *Syzygium*

【识别特征】常绿乔木，高可达24米。嫩枝圆形，有糠秕，干后灰白色。叶片革质，椭圆形或卵状椭圆形，长4～8厘米，宽1.5～3.5厘米；侧脉以45°开角斜向上，靠近边缘0.5毫米处结合成边脉；叶柄长5～7毫米。圆锥花序顶生和上部腋生，长4～7厘米；花白色。果实近球形，长7～8毫米。种子1颗。花期8—9月。

【习性与生境】喜潮湿环境，耐旱瘠，喜生于河边、沟边、溪边等。

【繁殖方式】播种、扦插、嫁接等。

【观赏特性】春色叶。树冠繁茂，小枝灰白色，新叶浅红色或暗红色，果熟时紫黑色。

【园林用途】可作园景树，或作河堤、湖边的行道树。

【其他经济价值】木材可用于制作家具等。

66. 水翁蒲桃（水翁）

拉丁学名 *Syzygium nervosum* Candolle　桃金娘科 Myrtaceae　蒲桃属 *Syzygium*

【识别特征】 常绿乔木，高可达15米。单叶，对生，薄革质，长圆形至椭圆形，长11～17厘米，宽4.5～7厘米，先端急尖或渐尖，基部阔楔形或略圆，两面多透明腺点；侧脉9～13对，脉间相隔8～9毫米，以45°～65°开角斜向上，网脉明显，边脉离边缘2毫米；叶柄长1～2厘米。圆锥花序生于无叶的老枝上，长6～12厘米；花无梗，2～3朵簇生；萼管半球形，帽状体长2～3毫米，先端有短喙。浆果阔卵圆形，长10～12毫米，直径10～14毫米，成熟时紫黑色。花期5—6月。

【习性与生境】 喜温暖潮湿环境，喜生于水边或低洼处。

【繁殖方式】 播种。

【观赏特性】 春色叶。树冠婆娑，春季换叶时叶红色至暗红色，花极芳香，为招蜂、引蝶、引鸟的优良树种。

【园林用途】 可作庭荫树、园景树。

【其他经济价值】 花、叶可药用，含酚类及黄酮苷，可治感冒；根可治黄疸型肝炎。

67. 香蒲桃

拉丁学名 *Syzygium odoratum* (Lour.) DC.　　桃金娘科 Myrtaceae　蒲桃属 *Syzygium*

【识别特征】 常绿乔木，高可达20米。叶片革质，卵状披针形或卵状长圆形，长3～7厘米，宽1～2厘米，上面干后橄榄绿色，有光泽，多下陷的腺点，下面同色；侧脉多而密，在上面不明显，在下面稍凸起。圆锥花序顶生或近顶生；花蕾倒卵圆形；萼管倒圆锥形，有白粉，干后皱缩，萼齿4～5个，短而圆；花瓣分离或帽状。果实球形，略有白粉。花期6—8月。

【习性与生境】 喜暖热气候，喜光，稍耐阴，常生于平地疏林或中山常绿林中，以微酸性沙质土为最适宜。

【繁殖方式】 播种。

【观赏特性】 春色叶。树冠丰满浓郁，嫩叶淡红色、紫红色、暗红色或黄红色，颜色丰富美观。

【园林用途】 宜作为湖边、溪边、草坪、绿地等的风景树和绿荫树。

【其他经济价值】 可作引鸟植物；木材可用于制作家具。

68. 金蒲桃（黄金蒲桃）

拉丁学名 *Xanthostemon chrysanthus* (F. Muell.) Benth.　　桃金娘科 Myrtaceae　金缨木属 *Xanthostemon*

【识别特征】 常绿灌木或乔木，株高5～10米。叶革质，宽披针形、披针形或倒披针形，对生、互生或簇生于枝顶，叶色暗绿色，具光泽，全缘，新叶带有红色；搓揉后有番石榴气味。蒴果杯状球形。种子棕褐色，类三角形、肾形，扁平。盛花期为11月至翌年2月。

【习性与生境】 喜温暖湿润气候，以光照充分的环境和排水良好的土壤为宜。

【繁殖方式】 播种、扦插等。

【观赏特性】 春色叶。株形挺拔，叶色亮绿，嫩叶淡红色至鲜红色，冬春之时一簇簇金黄色的花朵状如黄绣球缀满枝头，亮丽夺目。

【园林用途】 优良的园林绿化树种，适宜作园景树、行道树，幼株可作盆栽。

69．印度野牡丹（野牡丹、猪姑稔）

拉丁学名 *Melastoma malabathricum* L.　　野牡丹科 Melastomataceae　野牡丹属 *Melastoma*

【识别特征】 灌木，高0.5～1米，稀2～3米。茎钝四棱形或近圆柱形，密被平展的长粗毛及短柔毛。叶卵形、椭圆形或椭圆状披针形，先端渐尖，基部圆或近心形，长4～10.5厘米，全缘，基出脉5条，上面密被糙伏毛，下面密被糙伏毛及密短柔毛；叶柄长0.5～1厘米，密被糙伏毛。花梗长2～5毫米，密被糙伏毛；花瓣紫红色，倒卵形。蒴果坛状球形，顶端截平。种子多数。花期2—5月，果期8—12月。

【习性与生境】 喜温暖湿润气候，稍耐旱和耐瘠，以向阳、疏松而含腐殖质多的土壤为宜。生于山坡松林下或开朗的灌草丛中，是酸性土常见的植物。

【繁殖方式】 播种、扦插等。

【观赏特性】 春秋色叶。株形紧凑，花色艳丽，嫩叶红色、橙色，秋叶部分变红色，为常见观花植物。

【园林用途】 孤植、丛植或片植均可，适合在花坛种植或作盆栽。

【其他经济价值】 根、叶可药用，有清热利湿、消肿止痛、散瘀止血等功效。

70．使君子（留求子）

拉丁学名 *Combretum indicum* (L.) Jongkind　　使君子科 Combretaceae　风车子属 *Combretum*

【识别特征】 攀援状灌木，高2～8米。叶对生或近对生，叶片膜质，卵形或椭圆形，长5～11厘米，宽2.5～5.5厘米，表面无毛，背面有时疏被棕色柔毛；侧脉7或8对。顶生穗状花序，组成伞房花序式；苞片卵形至线状披针形，被毛；花瓣5片，先端钝圆，初为白色，后转淡红色。果卵形，成熟时呈青黑色或栗色。种子1颗，白色，圆柱状纺锤形。花期初夏，果期秋末。

【习性与生境】 喜光，耐半阴，喜高温多湿气候，不耐寒，不耐干旱，在肥沃、富含有机质的沙壤土上生长为宜，攀援性较强。

【繁殖方式】 播种、扦插、压条等。

【观赏特性】 春色叶。嫩叶浅红色、暗红色；花初开时近乎白色，渐渐变成粉色，再变为艳丽的红色，十分别致，有清香。

【园林用途】 可作绿篱或绿棚，也可作中型盆景或切花。

【其他经济价值】 种子可药用，驱蛔效果显著。

71. 榄仁（大叶榄仁）

拉丁学名 *Terminalia catappa* L.　　使君子科 Combretaceae　诃子属 *Terminalia*

【识别特征】 落叶乔木，高可达15米。树皮褐黑色，纵裂而剥落状。枝平展，具密而明显的叶痕。单叶，互生，常密集于枝顶，叶片倒卵形，长12～22厘米，宽8～15厘米，全缘，主脉粗壮，网脉稠密。穗状花序腋生，雄花生于上部，两性花生于下部；花多数，绿色或白色。果椭圆形，具2棱，成熟时青黑色。种子1颗，矩圆形，含油脂。花期3—6月，果期7—9月。

【习性与生境】 强阳性树种，喜高温多湿环境，适宜于中性及微碱性土壤中生长。

【繁殖方式】 播种。

【观赏特性】 秋色叶。枝条平展，树冠宽大，春季新叶嫩绿色，秋冬落叶时叶色转红，极其美观，遮阴效果甚佳。

【园林用途】 可孤植、列植，作园景树、行道树等，为优良园林绿化树种。

【其他经济价值】 木材红褐色，坚硬，耐腐力强，可作建筑、船车、家具和一般细木工用材；种仁可生食，有杏仁味；根、树皮和未成熟的果壳可提取单宁，并可提取黑色染料；种子、树皮可药用。

72. 小叶榄仁

拉丁学名 *Terminalia neotaliala* Capuron　　使君子科 Combretaceae　诃子属 *Terminalia*

【识别特征】 落叶乔木，高可达15米。侧枝轮生呈水平展开，树冠层伞形，层次分明，质感轻细。叶小，长3～8厘米，宽2～3厘米，提琴状倒卵形，全缘，具4～6对羽状脉，4～7叶轮生，深绿色。穗状花序腋生，花两性；花萼5裂，无花瓣。核果纺锤形。种子1颗。

【习性与生境】 喜光，耐半阴，喜高温湿润气候，耐风、耐热、耐湿、耐碱、耐瘠，以排水良好的肥沃土壤为最佳；深根性，抗风，抗污染，寿命长，树性强健，生长迅速。

【繁殖方式】 播种。

【观赏特性】 秋色叶。主干浑圆、挺直，枝丫自然分层，轮生于主干四周，层层分明有序；春季萌发青翠的新叶，姿态优雅，冬季落叶前变红色或黄色。

【园林用途】 可作行道树、景观树，孤植、列植或群植皆宜，是中国南方地区极具观赏价值的园林绿化树种和海岸树种。

73. 锦叶榄仁（雪花榄仁）

拉丁学名 *Terminalia neotaliala* 'Tricolor' 使君子科 Combretaceae 诃子属 *Terminalia*

【识别特征】 落叶乔木，高可达20米。主干直立，树冠呈伞形，树皮浅褐色。枝短且呈自然分层，轮生于主干四周，向上展开，呈斜斗形，枝条柔软。叶倒阔披针形或长倒卵形，具4～6对羽状叶脉，4～7叶轮生，叶中央为浅绿色，叶片外缘为淡金黄色。花两性或单性，有小苞片，组成疏散的穗状花序或总状花序。核果扁平，有种子1颗。

【习性与生境】 喜光、喜温暖湿润气候，以土层深厚、湿润、肥沃疏松的微酸性沙质土为宜；有抗大气污染和吸收有毒气体的功能，有较强的抗风作用。

【繁殖方式】 嫁接、组织培养等。

【观赏特性】 常色叶。枝干挺拔，侧枝轮生，形态优美，枝条层次分明，整株呈塔形，叶片的色彩随着四季更替而变化，为优美的观赏树种。

【园林用途】 适合在公园、广场、屋村、小区和海滨等地丛植或片植，也是优良的行道树和园景树。

74. 黄牛木（黄牛茶）

拉丁学名 *Cratoxylum cochinchinense* (Lour.) Bl.　**金丝桃科** Hypericaceae　**黄牛木属** *Cratoxylum*

【识别特征】 灌木或乔木。树冠伞形，树干多丛生，树皮黄褐色、光滑，小枝压扁。叶纸质，椭圆形至矩圆形，长5～8厘米，宽2～3厘米，两端均狭而尖，秃净，背色较浅。聚伞花序腋生或稍腋上生，有花1～3朵；花小，繁密，多半开，形若口盅，橙红色。蒴果。种子一边有翅。花期5—6月，果熟期9月以后。

【习性与生境】 喜光，幼苗不耐阴，喜湿润、酸性土壤；生长慢而萌芽力强。常生于丘陵或山地的干燥阳坡上的次生林或灌丛中。

【繁殖方式】 播种。

【观赏特性】 春色叶。枝叶较密，春叶橙色、橙红色或红色，花橙红色，微香。

【园林用途】 可孤植、列植，作行道树或园景树。

【其他经济价值】 木材非常坚硬，纹理精致，为名贵雕刻木材，还可制作雀笼；花微香，为蜜源植物；幼果可作烹调香料；根、树皮、嫩叶可药用，有清热解毒、化湿消滞、祛瘀消肿等功效；嫩叶可用于制作清凉饮料，能解暑热烦渴。

75. 岭南山竹子（竹节果）

拉丁学名 *Garcinia oblongifolia* Champ. ex Benth.　　藤黄科 Guttiferae　藤黄属 *Garcinia*

【识别特征】常绿乔木，高5～15米。树冠广伞形，树皮深灰色。单叶对生，叶薄革质或纸质，长圆形至倒披针形，长5～10厘米，宽2～3.5厘米，顶端急尖或钝，基部楔形，干时边缘反卷，中脉在上面微隆起。花小，单性，异株，橙色或淡黄色，稀白色，单生或数朵组成伞形花序式的聚伞花序。浆果卵圆形或近球形。花期6—8月，果期9—11月。

【习性与生境】喜暖热湿润气候，喜光，幼龄稍耐阴，较耐瘠薄，耐水湿，喜微酸性至酸性土壤。喜生于平地、丘陵、沟谷密林或疏林中。

【繁殖方式】播种。

【观赏特性】春色叶。树干通直，枝叶稠密，春叶黄色、黄绿色、橙黄色、黄红色；果大，可赏可食。

【园林用途】可作园景树、庭荫树、行道树。

【其他经济价值】果可食用；种子含油脂，可作工业用油；木材可制家具和工艺品；树皮含单宁，可提制栲胶。

76. 铁力木（铁棱）

拉丁学名 *Mesua ferrea* L.　　藤黄科 Guttiferae　铁力木属 *Mesua*

【识别特征】 常绿乔木，具板状根，高可达30米。叶披针形或狭卵状披针形至线状披针形，长4～12厘米，宽1～4厘米，上面暗绿色，微具光泽，下面通常被白粉；侧脉极多数，呈斜向平行脉；叶柄长0.5～0.8厘米。花两性，1～2朵顶生或腋生，直径5～8.5厘米；花瓣4片，白色，倒卵状楔形，长3～3.5厘米；雄蕊极多数，分离。果卵球形或扁球形，成熟时长2.5～3.5厘米，干后栗褐色，有纵皱纹，顶端花柱宿存。花期3—5月，果期8—10月。

【习性与生境】 喜温暖气候，喜肥沃土壤。生于低丘坡地。

【繁殖方式】 播种。

【观赏特性】 春色叶。树干端直，枝叶婆娑，叶嫩时紫红色或浅红色，老时深绿色，革质，通常下垂；花有香气。

【园林用途】 可作园景树或行道树。

【其他经济价值】 结实丰富，种子油脂含量高，是很好的工业油料；木材结构较细，心材和边材明显，材质极重，坚硬强韧，抗腐性强，抗白蚁及其他虫害，不易变形，可作军工、船、建筑、特殊机器零件、乐器、工艺美术品用材。

77. 破布叶（布渣叶）

拉丁学名 *Microcos paniculata* L.　　椴树科 Tiliaceae　破布叶属 *Microcos*

【识别特征】 灌木或小乔木，高3～12米。树皮粗糙。叶薄革质，卵状长圆形，长8～18厘米，宽4～8厘米，两面初时有极稀疏星状柔毛；三出脉的两侧脉从基部发出，向上行超过叶片中部；边缘有细钝齿；托叶线状披针形。顶生圆锥花序，被星状柔毛；苞片披针形；萼片长圆形，外面有毛；花瓣长圆形。核果近球形或倒卵形。花期6—7月。

【习性与生境】 弱喜光树种，幼时耐阴，耐干旱。喜生于山坡、沟谷及路边灌丛中，生长迅速。

【繁殖方式】 播种、扦插。

【观赏特性】 春色叶。叶常有虫孔，如破布，十分奇特；嫩叶橙黄色、黄绿色或黄红色，夏季开花时满树黄花，花后果实累累，十分美丽。

【园林用途】 可孤植或丛植，作庭院树、园景树。

【其他经济价值】 叶可药用，清热解毒，为广东凉茶的主要原料之一。

78. 毛果杜英（尖叶杜英、长芒杜英）

拉丁学名 *Elaeocarpus rugosus* Roxburgh　　杜英科 Elaeocarpaceae　杜英属 *Elaeocarpus*

【识别特征】 乔木，高可达30米。树皮灰色。叶聚生于枝顶，革质，倒卵状披针形，上面深绿色而发亮，干后淡绿色，下面初时有短柔毛，全缘，或上半部有小钝齿。总状花序生于枝顶叶腋内，有花5～14朵，花序轴被褐色柔毛；花瓣倒披针形，内外两面被银灰色长毛。核果椭圆形，有褐色茸毛。花期8—9月，果期冬季。

【习性与生境】 喜温暖至高温湿润气候，喜光，深根性，抗风，不耐干旱，适生于酸性黄壤；萌芽力强。生于山谷。

【繁殖方式】 播种、扦插等。

【观赏特性】 春秋色叶。枝条层层轮生，自上而下形成塔形树冠，开花时花朵洁白、芳香；枝叶稠密，嫩叶橙黄色，部分老叶变深红色，红绿相间，引人入胜。

【园林用途】 优良的木本花卉、园林风景树和行道树。常丛植于草坪、路口、林缘等处；也可列植，或作为花灌木、雕塑等的背景树，也可作为厂区的绿化树种。

【其他经济价值】 木材可栽培蘑菇；种子榨油，可制作肥皂和润滑油；根可药用，能散瘀消肿。

79. 中华杜英

拉丁学名*Elaeocarpus chinensis* Hook. f. ex Benth.　　杜英科Elaeocarpaceae　杜英属*Elaeocarpus*

【识别特征】 常绿小乔木，高3～7米。嫩枝有柔毛，老枝秃净。叶薄革质，卵状披针形或披针形，长5～8厘米，宽2～3厘米，上面绿色有光泽，下面有细小黑腺点，在芽体开放时上面略有疏毛，很快上下两面变秃净。总状花序生于无叶的去年生枝条上，花序轴有微毛；花两性或单性；两性花萼片5片，披针形；花瓣5片，长圆形。核果椭圆形。花期5—6月，果期7—12月。

【习性与生境】 喜温暖湿润气候及深厚肥沃的土壤，适应性强，较耐阴和干旱，不耐寒，生长速度中等。生于山谷及山坡中下部常绿阔叶林中。

【繁殖方式】 播种、扦插等。

【观赏特性】 常色叶。树形优美，冠层厚密，冠大荫浓，枝叶稠密，叶落前鲜红色，叶、花、果均可观赏。

【园林用途】 庭院观赏和园林绿化的优良树种，可作庭荫树、行道树。

80. 杜英

拉丁学名*Elaeocarpus decipiens* Hemsl.　　杜英科Elaeocarpaceae　杜英属*Elaeocarpus*

【识别特征】 常绿乔木，高可达15米。树冠卵球形，主干通直；深根性。叶革质，披针形或倒披针形，长7～12厘米，宽2～3.5厘米，上面深绿色，干后发亮，下面秃净无毛，幼嫩时亦无毛，边缘有小钝齿。总状花序多生于叶腋及无叶的去年生枝条上，长5～10厘米；花白色，花瓣撕裂。核果椭圆形。花期4—5月，果熟期9—12月。

【习性与生境】 喜温暖湿润环境，根系发达，抗风能力强，在排水良好的酸性黄壤土中生长迅速；对二氧化硫抗性强。生于林中。

【繁殖方式】 播种、扦插等。

【观赏特性】 常色叶。树冠广阔，树形高大，枝繁叶茂，叶掉落前转为绯红色，红绿相间，鲜艳悦目。

【园林用途】 庭院观赏和园林绿化的优良树种，可孤植或列植作行道树、庭荫树、风景林、防护林等。

【其他经济价值】 种子榨油，可制作肥皂和滑润油；树皮可制染料；木材为栽培香菇的良好段木；根可药用，有散瘀消肿的功效。

81. 水石榕（海南杜英）

拉丁学名 *Elaeocarpus hainanensis* Oliver　　杜英科 Elaeocarpaceae　杜英属 *Elaeocarpus*

【识别特征】 常绿小乔木。树冠宽广、层状。叶革质，狭窄倒披针形，长7～15厘米，宽1.5～3厘米，老叶上面深绿色，干后发亮，下面浅绿色，边缘密生小钝齿。总状花序生于当年生枝的叶腋内，有花2～6朵；花较大；花瓣白色，与萼片等长，倒卵形，外侧有柔毛，先端撕裂。核果纺锤形，两端尖，表面有浅沟，腹缝线2条。花期6—7月。

【习性与生境】 喜半阴及温暖湿润气候，幼苗喜阴湿，不耐旱；根系发达，萌芽力强。喜生于低湿处及山谷水边，常生于沟谷、溪旁堆积酸性土。

【繁殖方式】 播种。

【观赏特性】 常色叶。四季常绿，树形优美，老叶掉落前殷红艳丽，开花时花朵茂密芳香，花期长，花瓣洁白淡雅，为优良的园林观赏和生态公益林树种。

【园林用途】 可配植于溪旁作滨水景观树，或庭院风景树。

82. 日本杜英（高山望）

拉丁学名 *Elaeocarpus japonicus* Sieb. et Zucc.　　**杜英科** Elaeocarpaceae　**杜英属** *Elaeocarpus*

【识别特征】 常绿乔木。叶革质，通常卵形，亦有椭圆形或倒卵形，长6～12厘米，宽3～6厘米，老叶上面深绿色，发亮，有多数细小黑腺点；边缘有疏锯齿。总状花序，生于当年生枝的叶腋内；花两性或单性；两性花花瓣长圆形，两面有毛，与萼片等长，先端全缘或有数个浅齿。核果椭圆形。花期4—5月。

【习性与生境】 喜温暖至高温气候，较耐寒，耐阴；较为速生。生于常绿林中。

【繁殖方式】 播种。

【观赏特性】 常色叶。树叶掉落前转为绯红色，红绿相间，鲜艳悦目。

【园林用途】 可作园景树、行道树，或作风景林树种。

【其他经济价值】 树皮可制作染料；种子榨油，可制作肥皂和润滑油；根能散瘀消肿。

83. 山杜英（羊屎树）

拉丁学名 *Elaeocarpus sylvestris* (Lour.) Poir. 杜英科 Elaeocarpaceae 杜英属 *Elaeocarpus*

【识别特征】 常绿乔木，高可达18米。主干通直，树冠塔形，树皮淡灰色或黄灰色；深根性。单叶互生，纸质，倒卵形或倒披针形，长4～8厘米，宽2～4厘米，边缘有钝锯齿或波状钝齿。总状花序生于枝顶叶腋内；花两性，白色。核果细小，椭圆形，内果皮薄骨质，有腹缝沟3条，成熟时黄黑色。花期4—5月，果熟期9月下旬至11月上旬。

【习性与生境】 喜温暖湿润气候，以及土层深厚、土壤肥沃、排水良好的山坡和山脚，幼树耐阴，中年喜光喜湿，生长迅速，适应性强；深根性，须根发达，萌生力强。

【繁殖方式】 播种、扦插。

【观赏特性】 秋色叶。树形高大挺拔，主干通直圆满，枝叶茂密，常年见老叶在凋落之前变成殷红色；开花季节，白色而芳香的花朵悬挂于绿叶丛中，花、叶可赏，颇为美丽。

【园林用途】 适于作园景树、行道树，也是营造生物防火林带和其他水土保持、水源涵养的生态公益林的良好树种。

【其他经济价值】 木材为建筑、家具等用材。

84. 猴欢喜

拉丁学名 *Sloanea sinensis* (Hance) Hemsl.　　杜英科 Elaeocarpaceae　猴欢喜属 *Sloanea*

【识别特征】 乔木，高可达20米。树皮灰白色、灰色或灰褐色。单叶互生，叶薄革质，聚生于小枝上部，倒卵状椭圆形，长5～12厘米，宽3～5厘米，先端骤尖，基部楔形或稍圆，边缘中上部有锯齿，叶背网脉明显。花瓣4片，白色，先端撕裂，有缺齿。蒴果木质，5～6裂，密生刺毛，熟时鲜红色。种子椭圆形，有黄色假种皮。花期9—11月，果期翌年6—7月。

【习性与生境】 喜温暖气候，中性偏阴树种，喜深厚、湿润、肥沃的酸性土。生于阔叶林中。

【繁殖方式】 播种。

【观赏特性】 春秋色叶。树形美观，四季常青，春季新叶嫩红色，冬季常有艳丽的零星红叶，尤其红色蒴果密被紫红色刺毛，绿叶丛中满树红果，生机盎然。

【园林用途】 宜作庭院树、行道树、园景树，孤植、丛植、片植，亦可混植于其他观赏树种中，在早春起到调整林相的作用。

【其他经济价值】 木材纹理通直，结构细密，质地轻软，硬度适中，容易加工，干燥后不易变形，色泽艳丽，花纹美观，可作建筑、桥梁、家居胶合板用材；树皮和果壳含单宁，可提制栲胶；种子含油脂。

85. 槭叶瓶干树

拉丁学名 *Brachychiton acerifolius* (A. Cunn. ex G. Don) F. Muell.　梧桐科 Sterculiaceae　瓶树属 *Brachychiton*

【识别特征】 常绿乔木。主干通直，冠幅较大。树枝层次分明，幼树枝条绿色。叶互生，掌状，苗期3裂，长成大树后叶5～9裂。圆锥状花序，腋生，花色艳红；花小铃钟形或小酒瓶状。蒴果，长圆状棱形，果瓣赤褐色，近木质。种子3～5颗。花期春夏季。

【习性与生境】 极耐旱，喜光，喜排水良好的酸性土壤，耐酸，耐寒，抗病性强，虫害较少，易移植。

【繁殖方式】 播种。

【观赏特性】 秋色叶。树形优美，整株呈塔形或伞形，花色艳丽，花量丰富，秋季叶片转黄色后渐掉落。

【园林用途】 宜作行道树、庭院树等。

【其他经济价值】 根、叶可药用，有清热解毒的功效。

86. 刺果藤

拉丁学名 *Byttneria grandifolia* Candolle　梧桐科 Sterculiaceae　刺果藤属 *Byttneria*

【识别特征】 木质大藤本。小枝的幼嫩部分略被短柔毛。叶广卵形、心形或近圆形，长7～23厘米，宽5.5～16厘米，上面几乎无毛，下面被白色星状短柔毛，基生脉5条；叶柄长2～8厘米，被毛。花小，淡黄白色，内面略带紫红色。蒴果圆球形或卵状圆球形，具短而粗的刺，被短柔毛。种子长圆形，成熟时黑色。花期春夏季。

【习性与生境】 喜温暖潮湿环境，稍耐旱，不耐寒，对土壤要求不严，但以向阳而肥沃疏松的沙壤土为宜。常生于疏林中或山谷溪旁。

【繁殖方式】 播种。

【观赏特性】 常色叶。新叶暗红色、朱红色、橙黄色等，叶背密被淡褐色星状毛；果形奇特。

【园林用途】 可作庭院垂直绿化树种，也可配植于花境、花坛。

【其他经济价值】 茎皮可供编织用；根可药用。

87. 银叶树

拉丁学名 *Heritiera littoralis* Dryand.　　**梧桐科** Sterculiaceae　**银叶树属** *Heritiera*

【识别特征】 常绿乔木，高约10米。小枝幼时被白色鳞秕。叶革质，矩圆状披针形、椭圆形或卵形，长10～20厘米，宽5～10厘米，下面密被银白色鳞秕。圆锥花序腋生，密被星状毛和鳞秕；花粉红色至红褐色；萼钟状，5浅裂。果木质，坚果状，近椭圆形，背部有龙骨状凸起。种子卵形。花期夏季。

【习性与生境】 喜高温，抗风、耐盐碱、耐水浸。既能生长于潮间带，又能生长在陆地上。

【繁殖方式】 播种。

【观赏特性】 常色叶。树形优美，枝叶浓密，四季常青，叶背银光闪闪；初夏盛花，花簇状粉红色至红褐色，艳丽夺目；树形、花、叶和果实都有独特的观赏价值。

【园林用途】 热带海岸红树林的树种之一。为优良的庭院树及防风林、滨海绿化树种。

【其他经济价值】 木材坚硬，为建筑、造船和制家具的良材；种子可榨油；树皮可熬汁治血尿症、腹泻和赤痢等。

88. 翻白叶树（半枫荷）

拉丁学名 *Pterospermum heterophyllum* Hance　　梧桐科 Sterculiaceae　翅子树属 *Pterospermum*

【识别特征】 常绿乔木，高可达30米。树皮灰色或灰褐色。叶革质，异型，生于幼树或萌发枝上的叶盾形，掌状3～5深裂，基部楔形而略近半圆形，下面密被短柔毛；生于成年树上的叶长圆形或卵状长圆形，长7～15厘米，宽3～10厘米，下面密被黄褐色短柔毛。花单生或2～4朵组成腋生的聚伞花序；花青白色。蒴果木质，椭圆形，密被柔毛，成熟时锈黄色。花期5—6月，果期9—10月。

【习性与生境】 喜温暖湿润气候，喜光，喜生于深厚、湿润、肥沃的酸性土壤；多生于山坡较开阔的疏林或林缘、林中空地；生长迅速，在干旱瘦瘠的立地条件下常呈矮小灌木。

【繁殖方式】 播种、扦插等。

【观赏特性】 常色叶。树冠繁密，叶形多变，叶背密被黄褐色星状短柔毛；开花时满树白花，果熟时满树黄果，美丽可人。

【园林用途】 可孤植作独赏树、列植作行道树或散植作园景树；枝叶茂密，天然条件下更新能力强，也可作水源林、防护林树种。

【其他经济价值】 木材纹理直，结构细致，材质轻软，易加工，干燥后少开裂，可作上等家具、文具、天花板、建筑室内装饰等用材；树皮具上等的纤维，可供纺织和制麻袋、麻鞋的编绳用，又可作造纸原料；根可药用，有祛风除湿、舒筋活血、消肿止痛等功效。

89. 两广梭罗树

拉丁学名 *Reevesia thyrsoidea* Lindley　　梧桐科 Sterculiaceae　梭罗树属 *Reevesia*

【识别特征】 常绿乔木。叶革质，矩圆形、椭圆形或矩圆状椭圆形，长5～7厘米，宽2.5～3厘米，顶端急尖或渐尖，基部圆形或钝，两面均无毛；叶柄长1～3 厘米，两端膨大。聚伞状伞房花序顶生，花密集；萼钟状；花瓣5片，白色，匙形，长1厘米，略向外扩展；雌雄蕊柄长约2厘米，顶端约有花药15个；子房圆球形。蒴果矩圆状梨形，有5棱，长约3厘米，被短柔毛。种子连翅长约2厘米。花期3—4月。

【习性与生境】 喜温暖湿润气候。生于山坡上或山谷溪旁。

【繁殖方式】 播种。

【观赏特性】 春色叶。嫩叶浅红色至深红色，色彩艳丽；果如纺锤，十分奇特。

【园林用途】 可作园景树或行道树。

【其他经济价值】 木材为建筑、家具等用材。

90. 木棉（英雄树）

拉丁学名 *Bombax ceiba* L.　　木棉科 Bombacaceae　木棉属 *Bombax*

【识别特征】 落叶大乔木，高可达25米。树皮灰白色，幼树的树干通常有圆锥状的粗刺；分枝平展。掌状复叶，小叶5～7片，长圆形至长圆状披针形，顶端渐尖，基部阔或渐狭，全缘。花单生于枝顶叶腋，通常红色，有时橙红色。蒴果长圆形，密被灰白色长柔毛和星状柔毛。种子多数，倒卵形，光滑。花期3—4月，果期夏季。

【习性与生境】 喜温暖干燥和阳光充足的环境，不耐寒，稍耐湿，耐旱，以深厚、肥沃、排水良好的中性或微酸性沙壤土为宜；抗污染，速生，萌芽力强。

【繁殖方式】 播种、扦插、嫁接。

【观赏特性】 秋色叶。树形高耸挺拔，气势雄伟，秋叶变黄色，红花如燃，蔚为壮观，为广东、广西地区著名的观花树种。

【园林用途】 常孤植、对植、丛植，宜配植作孤赏木、行道树、庭荫树，植于河岸、平地、山坡等。

【其他经济价值】 材质轻软，可用于制作蒸笼、包装箱；木棉纤维短而细软，中空度高，耐压性强，保暖性强，可填充枕头、救生衣等；花有清热、利湿、解毒等功效。

91. 美丽异木棉（美人树）

拉丁学名 *Ceiba speciosa* (A. St.-Hil.) Ravenna　木棉科 Bombacaceae　吉贝属 *Ceiba*

【识别特征】 落叶乔木，高10～15米。树干下部膨大。幼树树皮浓绿色，密生圆锥状皮刺，侧枝放射状水平伸展或斜向伸展。叶互生，掌状复叶，小叶5～9片，椭圆形，中央小叶较长。花单生，花冠淡紫红色，花冠近中心初时为金黄色，后渐渐转为白色。蒴果椭圆形。花期10—12月，果期5月。

【习性与生境】 喜光，喜温暖湿润环境，不耐寒，深根性，以土层疏松、排水良好的沙壤土或冲击土为宜；抗风、抗污染，速生、萌芽力强。

【繁殖方式】 播种。

【观赏特性】 春秋色叶。树冠伞形，叶色青翠，嫩叶橙黄色、黄红色或浅红色，秋叶变黄色，花期较长，花朵大而艳，盛花期满树姹紫，极为壮观，是优良的观花乔木。

【园林用途】 常作道路绿化、庭院绿化树种，或以绿色植物为背景衬托其盛花期的壮丽美景。

【其他经济价值】 果实里白色的絮状物可作枕头填充物。

92．彩叶朱槿（花叶扶桑）

拉丁学名 *Hibiscus rosa-sinensis* 'Variegata' 锦葵科 Malvaceae 木槿属 *Hibiscus*

【识别特征】 常绿灌木。茎直立而多分枝，高可达6米。叶互生，阔卵形至狭卵形，长7～10厘米，具3主脉，叶上有大面积的不规则红色斑纹，偶有乳白色斑纹。花大，单生于上部叶腋间，有单瓣、重瓣之分。蒴果卵圆形，光滑，有喙。花期全年，夏秋季最盛。

【习性与生境】 喜光，喜温暖湿润气候，不耐寒，耐干旱贫瘠，喜深厚肥沃、排水良好的沙壤土；萌蘖性强，耐修剪。

【繁殖方式】 扦插、嫁接等。

【观赏特性】 常色叶。叶色多变，或嫣红色，或乳白色，或金色；花大美丽，花色丰富，花期长。

【园林用途】 华南地区常见的彩篱树种。

93．黄槿

拉丁学名 *Talipariti tiliaceum* (L.) Fryxell. 锦葵科 Malvaceae 黄槿属 *Talipariti*

【识别特征】 常绿乔木，高可达10米。叶革质，近圆形或广卵形，直径8～15厘米，基部心形，全缘或具不明显细圆齿，两面均密被柔毛。夏秋季开黄色花，花序顶生或腋生，常数花排列成聚伞花序；花冠钟形，基部有一对托叶状苞片。蒴果卵圆形，黑色果外被柔毛，似磨盘。种子肾形。花期6—10月。

【习性与生境】 喜温暖湿润气候，喜排水良好的酸性土壤，不耐寒；萌芽力强，抗风且耐盐。多生于平原、海边、沙滩、河谷等处。

【繁殖方式】 播种、扦插等。

【观赏特性】 春秋色叶。树冠苍翠，春叶紫红色或暗红色，秋叶黄色，盛花期枝梢黄花朵朵，花、叶俱美，为优雅的观花、观叶树种。

【园林用途】 可作行道树、绿荫树、庭院风景树，也可作海滨防风、防潮、防沙树种。

【其他经济价值】 木材坚硬致密，耐朽力强，可作建筑、船及家具等用材；树皮纤维可制绳索；叶有退热、止吐、止咳等功效。

94. 花叶黄槿（三色黄槿）

拉丁学名 *Talipariti tiliaceum* 'Variegata'　　锦葵科 Malvaceae　黄槿属 *Talipariti*

【识别特征】 常绿灌木或小乔木，高4～10米。树皮灰白色。叶革质，近圆形，长和宽均为7～15厘米，上面绿色，下面灰白色，叶脉7～9条。花顶生或腋生，常数花排成聚伞花序；花冠橙黄色，直径6～7厘米。蒴果卵圆形。花期6—9月。

【习性与生境】 喜光，稍耐阴，喜高温多湿环境，不耐寒，稍耐旱，对土壤要求不严；生长快，萌芽力强。

【繁殖方式】 播种、扦插等。

【观赏特性】 常色叶。嫩叶白色、绿色相间，并夹杂有红色，老叶具白色散斑；花色橙黄色，花大色艳，是观叶、观花佳品。

【园林用途】 可配植于公园、小区、庭院，亦可片植于道路、山坡林缘，还可作盆栽观赏。

95. 红桑

拉丁学名*Acalypha wilkesiana* Muell. Arg.　　大戟科Euphorbiaceae　铁苋菜属*Acalypha*

【识别特征】 灌木，高1～4米。叶纸质，阔卵形，古铜绿色或浅红色，常有不规则的红色或紫色斑块，长10～18厘米，宽6～12厘米，顶端渐尖，基部圆钝，边缘具粗圆锯齿，下面沿叶脉具疏毛，基出脉3～5条；叶柄长2～3厘米，具疏毛；托叶狭三角形具短毛。雌雄同株，通常雌雄花异序。蒴果，具3个分果爿，疏生具基的长毛。种子球形，平滑。花期几乎全年。

【习性与生境】 喜高温多湿气候，喜光，但忌烈日暴晒，耐寒性差，生性强健。

【繁殖方式】 扦插、嫁接等。

【观赏特性】 常色叶。株形饱满，叶形奇特，叶色丰富，是观叶佳品。

【园林用途】 常片植，作彩篱或丛植于草坪、庭院、小区。

【其他经济价值】 叶可药用，有清热消肿的功效。

96. 山麻杆

拉丁学名 *Alchornea davidii* Franch. **大戟科** Euphorbiaceae **山麻杆属** *Alchornea*

【识别特征】 落叶灌木，高1～5米。叶薄纸质，阔卵形或近圆形，长8～15厘米，宽7～14厘米，具锯齿，基部具斑状腺体2或4个，基出脉3条。雌雄异株，雄花序穗状，1～3个生于一年生枝已落叶腋部，呈柔荑花序状，雄花5～6朵簇生于苞腋；雌花序总状。蒴果近球形，具3圆棱，密生柔毛。种子卵状三角形，种皮淡褐色或灰色，具小瘤体。花期3—5月，果期6—7月。

【习性与生境】 喜温暖湿润气候，喜光，较耐阴，耐旱耐瘠，适应性广，根系较浅；速生，萌芽力强，抗大气污染。生于沟谷或溪畔、河边的坡地灌丛中，或栽种于坡地。

【繁殖方式】 播种、扦插、分株等。

【观赏特性】 春秋色叶。树姿美观，春叶猩红色或黄红色，秋叶红色、黄色，花细密聚生于叶腋，色彩清丽。

【园林用途】 可用于庭院绿化，可修剪成绿墙。

【其他经济价值】 木材为建筑、器具、薪炭用材；叶面粗糙，可作砂纸用；可作次生林的先锋植物。

97. 红背山麻杆（红背叶）

拉丁学名 *Alchornea trewioides* (Benth.) Muell. Arg.　　大戟科 Euphorbiaceae　山麻杆属 *Alchornea*

【识别特征】 灌木，高1～2米。叶薄纸质，阔卵形，长8～15厘米，宽7～13厘米，边缘疏生具腺小齿，下面浅红色，仅沿脉被微柔毛，基部具斑状腺体4个，基出脉3条。雌雄异株，雄花序穗状，腋生或生于一年生小枝已落叶腋部，具微柔毛；雌花序总状，顶生。蒴果球形，具3圆棱。种子扁卵状，种皮浅褐色，具瘤体。花期3—5月，果期6—8月。

【习性与生境】 阳性树种，也能耐阴，抗寒能力较弱，对土壤要求不严。多生于沿海平原、内陆山地矮灌丛中、疏林下或石灰岩山灌丛中。

【繁殖方式】 扦插。

【观赏特性】 春秋色叶。幼枝被茸毛，老时变光滑而具古铜色，幼叶红色或紫红色，秋叶红色，叶背浅红色，观赏价值较高。

【园林用途】 叶色、叶形变化丰富，是优良园林、庭院树种，既适于园林群植，又适于庭院门侧、窗前孤植，也可在路边、水滨列植，还可作盆栽置于阳台莳养和观赏。

【其他经济价值】 茎皮可制絮棉，也可作造纸原料；叶可制饲料。

98. 银柴（大沙叶）

拉丁学名 *Aporosa dioica* (Roxburgh) Muller Argoviensis　大戟科 Euphorbiaceae　银柴属 *Aporosa*

【识别特征】 常绿小乔木，高可达9米。树冠伞形。深根性。叶片革质，椭圆形或倒卵形，长6～12厘米，宽3.5～6厘米，全缘或具有稀疏的浅锯齿，上面无毛而有光泽，下面初时仅叶脉上被稀疏短柔毛；叶柄顶端两侧各具1个小腺体；托叶2枚，卵状披针形，早落。蒴果椭圆状，内有种子2颗。种子卵圆形。花果期几乎全年。

【习性与生境】 喜温暖湿润气候，对土壤选择不严，适应性强；对大气污染的抗性较强。常生于低海拔的山地疏林中和林缘或山坡灌木丛中。

【繁殖方式】 播种。

【观赏特性】 春色叶。枝叶繁茂，嫩叶暗红色、橙黄色或紫色；常年开花结果，果熟开裂时露出橙黄色、晶莹透亮的种子，在绿叶的衬托下十分美丽夺目。

【园林用途】 可作庭院树或列植作行道树，是营造景观生态林、公益生态林、城市防护林、防火林带的优良树种。

99. 秋枫

拉丁学名 *Bischofia javanica* Bl.　　大戟科 Euphorbiaceae　秋枫属 *Bischofia*

【识别特征】 常绿或半常绿大乔木，高可达40米。树皮灰褐色至棕褐色，近平滑，老树皮粗糙；砍伤树皮后流出红色汁液。三出复叶，稀5小叶；小叶片纸质，卵形或椭圆状卵形，长7～15厘米，宽4～8厘米，边缘有浅锯齿。花小，雌雄异株，多朵组成腋生的圆锥花序；雌花序下垂。果实浆果状，球形或近圆球形，淡褐色。种子长圆形。花期4—5月，果期8—10月。

【习性与生境】 喜光，喜温暖至高温多湿气候，喜酸性和微酸性红壤或红黄壤；生长快速，抗风，抗大气污染。常生于山地潮湿沟谷林中或于平原栽培。

【繁殖方式】 播种。

【观赏特性】 春秋色叶。树形整齐美丽，树冠荫浓，春叶红色或紫红色，老叶暗红色或鲜红色，夏季果熟时黄褐色的小果挂满枝头。

【园林用途】 常作庭院树和行道树，也可在草坪、湖畔、溪边、堤岸栽植，也可作水源林、防风林和护岸林树种。

【其他经济价值】 木材红褐色，结构细，质重，坚韧耐用，耐腐，耐水湿，可作建筑、桥梁、车辆、船、矿柱、枕木等用材；种子含油脂，可食用，或作润滑油；树皮可提取红色染料；叶可作绿肥，也可治无名肿毒；根有祛风消肿的作用。

100. 二列黑面神（白雪树）

拉丁学名 *Breynia disticha* J. R. et G. Forst.　大戟科 Euphorbiaceae　黑面神属 *Breynia*

【识别特征】 常绿小灌木，株高0.5～1.2米。小枝暗红色。叶膜质，互生，排成2列；叶片阔椭圆形或近圆形，全缘，具短柄；叶缘有白色或乳白色斑点，乃至全叶乳白色，有时粉红色，新叶色泽更加鲜明。花小，绿色，极不明显。花期6—10月。

【习性与生境】 喜高温，耐寒性差，生长适温为22～30℃；喜疏松肥沃、排水良好的沙壤土；喜光，也耐半阴，但植株在阴暗处时间过长则徒长、株形松散。

【繁殖方式】 扦插、压条等。

【观赏特性】 常色叶。株形优美，叶色亮丽、多变，光线充足处叶面白斑明显，片植像白色彩带，极为美观。

【园林用途】 可作彩叶绿篱片植于林缘、护坡、路边等，亦可配植于庭院、花境、公园绿地等处。

101. 土蜜树（逼迫子）

拉丁学名 *Bridelia tomentosa* Bl.　　大戟科 Euphorbiaceae　土蜜树属 *Bridelia*

【识别特征】 小乔木，高可达6米。树皮深灰色。叶片纸质，长圆形、长椭圆形或倒卵状长圆形，长3～9厘米，宽1.5～4厘米，叶面粗涩，叶背浅绿色。花雌雄同株或异株，簇生于叶腋。核果近圆球形，2室。种子褐红色，长卵形，腹面压扁状，有纵槽。花果期几乎全年。

【习性与生境】 喜温暖湿润气候，喜光，生性强健粗放，耐旱，耐瘠。多生于山地疏林中或平地灌丛中。

【繁殖方式】 播种、压条等。

【观赏特性】 春秋色叶。嫩叶浅红色或橙黄色，秋叶鲜红色或橙红色；果熟时果实累累。

【园林用途】 可作庭院树、行道树及生态风景林树种，也适于荒山造林。

【其他经济价值】 树皮含单宁，可提制栲胶；叶可治外伤出血、跌打损伤；根可治感冒、神经衰弱、月经不调等。

102．蝴蝶果

拉丁学名 *Cleidiocarpon cavaleriei* (Lévl.) Airy Shaw　大戟科 Euphorbiaceae　蝴蝶果属 *Cleidiocarpon*

【识别特征】 常绿乔木，高可达30米。树皮黄灰色或褐色。叶互生，集中于小枝顶端，纸质，椭圆形、长圆状椭圆形或披针形，长6～22厘米，宽1.5～6厘米；叶柄长1～4厘米，顶端枕状，稍膨大，呈关节状，具2个小黑腺点，基部具叶枕。花单性，雌雄同株，雄花位于上部，雌花位于下部；花1～3朵。果呈偏斜的卵球形或双球形，核果状。花期3—5月，果期8—9月。

【习性与生境】 喜光，喜温热环境，成年树有一定抗寒能力，抗病力强，幼苗和幼树易受寒害和冻害，在土层深厚、肥沃、排水良好的向阳地带生长为宜。

【繁殖方式】 播种。

【观赏特性】 春色叶。大树常具板根，树形美观，枝叶繁茂，叶色浓绿，嫩叶红色或橙黄色，花、果均可赏。

【园林用途】 优良园林绿化树种，可孤植、列植和片植，作行道树、园景树或庭荫树。

【其他经济价值】 种子含丰富的淀粉和油脂，煮熟并除去胚后可食用；木材结构略粗，材质轻，可作建筑和家具等用材。

103. 变叶木（洒金榕）

拉丁学名 *Codiaeum variegatum* (L.) A. Juss.　　大戟科 Euphorbiaceae　变叶木属 *Codiaeum*

【识别特征】 灌木，高可达2米。枝条有明显叶痕。叶薄革质，形状、大小变异大，绿色、淡绿色、紫红色、紫红色与黄色相间、黄色与绿色相间，有时在绿色叶片上散生黄色或金黄色的斑点或斑纹。总状花序腋生，雌雄同株异序，雄花白色，雌花淡黄色。蒴果近球形，稍扁。花期9—10月。

【习性与生境】 喜高温湿润环境，喜光，耐半阴，忌烈日直射，不耐寒；喜深厚肥沃、排水良好的沙壤土。

【繁殖方式】 扦插、压条等。

【观赏特性】 常色叶。叶形多变，叶色丰富，是观叶的佳品。

【园林用途】 常片植于道路、公路、草坪作彩篱，或丛植于庭院、小区等处。

104. 毛果巴豆

拉丁学名 *Croton lachnocarpus* Benth. **大戟科** Euphorbiaceae **巴豆属** *Croton*

【识别特征】 灌木，高1～3米。一年生枝条、幼叶、花序和果均密被星状柔毛；老枝近无毛。叶纸质，长圆形或长圆状椭圆形至椭圆状卵形，稀长圆状披针形，长4～13厘米，宽1.5～5厘米，边缘有不明显细锯齿，齿间弯缺处常有1枚细小具柄杯状腺体，下面密被星状柔毛，基出脉3条，侧脉4～6对；叶基部或叶柄顶端有2枚具柄杯状腺体；叶柄密被星状柔毛。总状花序1～3个，顶生，长6～15厘米，苞片钻形；雄花萼片卵状三角形，花瓣长圆形，雄蕊10～12枚；雌花萼片披针形；子房被黄色茸毛。蒴果稍扁球形，直径6～10毫米，被毛。种子椭圆状，暗褐色，光滑。花期4—5月。

【习性与生境】 喜温暖气候，耐贫瘠。生于山地疏林或灌丛中。

【繁殖方式】 播种。

【观赏特性】 秋色叶。秋叶橙黄色，色彩艳丽；幼嫩枝叶被星状毛，富野趣。

【园林用途】 在园林中可修剪成绿篱。

105. 紫锦木（俏黄芦）

拉丁学名 *Euphorbia cotinifolia* L.　　大戟科 Euphorbiaceae　大戟属 *Euphorbia*

【识别特征】 灌木至乔木，全株有白色乳汁。叶3枚轮生，圆卵形，长2～6厘米，宽2～4厘米，先端钝圆，基部近截平，主脉于两面明显，侧脉数对，边缘全缘，两面红色；叶柄略带红色。花序生于二歧分枝的顶端；总苞阔钟状，边缘4～6裂；腺体4～6枚。蒴果三棱状卵形，光滑无毛。种子近球状，褐色，腹面具暗色沟纹；无种阜。

【习性与生境】 喜光，喜高温多湿气候，极不耐寒，不甚耐旱，忌积水，以疏松肥沃、排水良好的沙壤土为宜。

【繁殖方式】 扦插、播种等。

【观赏特性】 常色叶。叶形美观，枝叶常年紫红色，是优良彩色叶树种。

【园林用途】 宜配植于草坪、庭院、白墙、常绿树背景前。

106. 红背桂（红背桂花）

拉丁学名 *Excoecaria cochinchinensis* Lour.　　大戟科 Euphorbiaceae　海漆属 *Excoecaria*

【识别特征】 常绿灌木，高可达1米。具多数皮孔。叶对生，纸质，叶片狭椭圆形或长圆形，长6～14厘米，宽1.2～4厘米，边缘有疏细齿，腹面绿色，背面紫红色或血红色；中脉于两面均凸起。花单性，雌雄异株，聚集成腋生或稀兼有顶生的总状花序。蒴果球形，基部截平，顶端凹陷。种子近球形。花期几乎全年。

【习性与生境】 耐半阴，忌阳光暴晒，不耐干旱，不甚耐寒，生长适温为15～25℃，不耐盐碱，怕涝。

【繁殖方式】 扦插。

【观赏特性】 常色叶。枝叶飘飒，清新秀丽，叶色浓绿，叶背红艳，是良好的观叶植物。

【园林用途】 多作林下耐阴地被，可配植于庭院、公园、小区，与建筑物或树丛构成自然、闲趣的景观。

【其他经济价值】 全株可药用，有小毒，有通经活络、止痛的功效。

107. 花叶红背桂

拉丁学名 *Excoecaria cochinchinensis* 'Variegata'　　大戟科 Euphorbiaceae　海漆属 *Excoecaria*

【识别特征】 常绿灌木，多分枝。单叶对生，矩圆形或倒卵状矩圆形，叶表面具白色斑纹，叶背呈亮红色或紫红色。花单性，雌雄异株。蒴果球形，直径约8毫米，基部截平，顶端凹陷。种子近球形，直径约2.5毫米。

【习性与生境】 不耐干旱，不耐寒，耐半阴，耐修剪，以肥沃、排水好的微酸性沙壤土为宜。

【繁殖方式】 扦插。

【观赏特性】 常色叶。叶表面具白色斑纹，叶背呈亮红色。

【园林用途】 优良观叶植物，适合点缀庭院或作盆栽。

108. 毛果算盘子（漆大姑）

拉丁学名 *Glochidion eriocarpum* Champ. ex Benth.　　大戟科 Euphorbiaceae　算盘子属 *Glochidion*

【识别特征】 灌木，高可达5米。小枝密被淡黄色、扩展的长柔毛。叶片纸质，卵形、狭卵形或宽卵形，长4～8厘米，宽1.5～3.5厘米，两面均被长柔毛，下面毛被较密，侧脉每边4～5条。花单生或2～4朵簇生于叶腋内；雌花生于小枝上部，雄花则生于下部。蒴果扁球状，具4～5条纵沟，密被长柔毛，顶端具圆柱状稍伸长的宿存花柱。花果期几乎全年。

【习性与生境】 喜光，对气候和土壤的适应性较强，耐干旱贫瘠，萌芽力强。生于山坡、山谷灌木丛中或林缘。

【繁殖方式】 播种。

【观赏特性】 春秋色叶。新叶浅红色、橙黄色，老叶暗红色，可观叶、观果。

【园林用途】 可作庭院树、园景树或盆栽。

【其他经济价值】 全株可药用，有解漆毒、收敛止泻、祛湿止痒的功效。

109. 艾胶算盘子（大叶算盘子）

拉丁学名 *Glochidion lanceolarium* (Roxb.) Voigt　　大戟科 Euphorbiaceae　算盘子属 *Glochidion*

【识别特征】 常绿灌木或乔木，通常高1～3米。叶片革质，椭圆形、长圆形或长圆状披针形，长6～16厘米，宽2.5～6厘米，上面深绿色，下面淡绿色，干后黄绿色；托叶三角状披针形。花簇生于叶腋内。蒴果近球状，顶端常凹陷，边缘具6～8条纵沟。花期4—9月，果期7月至翌年2月。

【习性与生境】 喜温暖湿润气候，耐阴；萌蘖性强，耐修剪。在疏松、肥沃的酸性土壤上生长良好。常生于山地疏林中或溪旁灌木丛中。

【繁殖方式】 播种。

【观赏特性】 春秋色叶。树冠宽大，叶大荫浓，新叶紫红色、浅红色或黄绿色，并具光泽，老叶渐变红色、暗红色、紫红色等，果如算盘。

【园林用途】 可作园景树、庭荫树，常在坡地、山脚等处作风景树或绿篱。

110. 算盘子（算盘珠）

拉丁学名 *Glochidion puberum* (L.) Hutch.　　大戟科 Euphorbiaceae　算盘子属 *Glochidion*

【识别特征】 直立灌木，高1～5米，多分枝。叶片纸质或近革质，长圆形、长卵形或倒卵状长圆形，长3～8厘米，宽1～2.5厘米，上面灰绿色，下面粉绿色。花小，雌雄同株或异株，2～5朵簇生于叶腋内；雄花束常着生于小枝下部，雌花束则在上部。蒴果扁球状，边缘有8～10条纵沟，成熟时带红色。种子近肾形，具三棱，橙红色或朱红色。花期4—8月，果期7—11月。

【习性与生境】 喜光，对气候和土壤的适应性较强，耐干旱贫瘠，萌芽力强。生于山坡、溪旁灌木丛中或林缘。

【繁殖方式】 播种。

【观赏特性】 春秋色叶。新叶浅红色、橙黄色，老叶红色、黄色，可观叶、观果。

【园林用途】 可作园景树、绿篱或盆栽。

【其他经济价值】 根和叶可药用，有清热利湿、祛风活络的功效。

111. 变叶珊瑚花（琴叶珊瑚、琴叶樱）

拉丁学名 *Jatropha integerrima* Jacq.　　大戟科 Euphorbiaceae　麻风树属 *Jatropha*

【识别特征】 常绿灌木，株高2～3米。植物体具乳汁，有毒。单叶互生，倒阔披针形，叶基有2～3对锐刺，先端渐尖，叶柄具茸毛，叶面平滑，常丛生于枝条顶端。花单性，雌雄同株，花冠红色或粉红色；二歧聚伞花序独特，雌雄同株，着生于不同的花序上，雌花、雄花不同时开放。蒴果成熟时呈黑褐色。花期长。

【习性与生境】 喜高温高湿环境，喜光，稍耐半阴，喜生长于疏松、肥沃、富含有机质的酸性沙壤土中。

【繁殖方式】 扦插、播种等。

【观赏特性】 常色叶。株形自然，优雅美丽，叶形别致，叶面浓绿色，叶背紫绿色，花如樱花般灿烂美丽，且花期很长，四季花开不断，有“日日樱”之名。

【园林用途】 宜孤植、丛植于公园、庭院等或与其他植物组合成景，也可植于花坛、花境，还可以作盆栽观赏。

112. 白背叶（野桐）

拉丁学名 *Mallotus apelta* (Lour.) Muell. Arg.　**大戟科** Euphorbiaceae　**野桐属** *Mallotus*

【识别特征】 灌木或小乔木，高1～4米。叶互生，卵形或阔卵形，边缘具疏齿，上面无毛或被疏毛，下面被灰白色星状茸毛，散生橙黄色颗粒状腺体，基出脉5条，侧脉6～7对，基部近叶柄处有褐色斑状腺体2个。花雌雄异株，雄花序为开展的圆锥花序或穗状，雌花序穗状。蒴果近球形，软刺线形，黄褐色或浅黄色。种子近球形，褐色或黑色，具皱纹。花期6—9月，果期8—11月。

【习性与生境】 喜光，耐干旱贫瘠；萌蘖性强。生于山坡或山谷灌丛中。

【繁殖方式】 播种。

【观赏特性】 常色叶。小枝、叶柄和花序均密被淡黄色星状柔毛和散生橙黄色颗粒状腺体，叶背被灰白色星状茸毛。

【园林用途】 常用于河边、堤岸绿化，或作绿篱、防护林树种。

【其他经济价值】 茎皮可供编织；种子可制油漆，或作杀菌剂、润滑剂等原料；根有柔肝活血、健脾化湿、收敛固脱的功效；叶有消炎止血的作用。

113．花叶木薯（斑叶木薯）

拉丁学名 *Manihot esculenta* 'Variegata'　　大戟科 Euphorbiaceae　木薯属 *Manihot*

【识别特征】 直立灌木，成株地下有肥大块根，株高1～3米。叶互生，纸质，掌状深裂或全裂，裂片倒披针形至狭椭圆形，顶端渐尖，全缘，叶面中心部位有黄色斑；叶柄鲜红色。圆锥花序顶生或腋生，有花数朵。蒴果椭圆形。花期秋季。

【习性与生境】 喜高温、多湿和阳光充足的环境，不耐寒，在土层深厚、肥沃的土壤上生长良好。

【繁殖方式】 扦插。

【观赏特性】 常色叶。株形舒展，叶色斑斓，极为美观。

【园林用途】 宜用于庭院、绿地或路边绿化，也适合与其他植物配植。

114．鼎湖血桐

拉丁学名 *Macaranga sampsonii* Hance　　大戟科 Euphorbiaceae　血桐属 *Macaranga*

【识别特征】 乔木。嫩枝、叶和花序均被黄褐色茸毛，小枝无毛，有时被白霜。叶三角状卵形或卵圆形，长12～17厘米，宽11～15厘米，顶端骤长渐尖，基部近截平或阔楔形，浅盾状着生，有时具斑状腺体2个，下面具柔毛和颗粒状腺体，叶缘具波状或具腺的粗锯齿，掌状脉7～9条，侧脉约7对；叶柄长5～13厘米，具疏柔毛或近无毛；托叶披针形，长7～10毫米。雄花序圆锥状，长8～12厘米；雌花子房2室，花柱2枚。蒴果双球形，具颗粒状腺体；果梗长2～4毫米。花期5—6月，果期7—8月。

【习性与生境】 喜湿润环境。常生于水边或林中。

【繁殖方式】 播种。

【观赏特性】 常色叶。嫩叶黄褐色、浅红色，叶盾状着生，长尾尖，十分奇特，为优良观赏树种。

【园林用途】 可作园景树，或林植、片植于各种绿地。

【其他经济价值】 木材为建筑、家具等用材；茎皮纤维可造纸。

115. 山乌桕

拉丁学名 *Triadica cochinchinensis* Lour.　　大戟科 Euphorbiaceae　乌桕属 *Triadica*

【识别特征】 落叶乔木，高可达18米。小枝有皮孔。叶互生，纸质，嫩时呈淡红色，叶片椭圆形或长卵形，长4～10厘米，宽2.5～5厘米，背面近缘常有数个圆形的腺体；叶柄顶端具2个毗连的腺体。花单性，雌雄同株，密集成顶生总状花序；雌花生于花序轴下部，雄花生于花序轴上部或有时整个花序全为雄花。蒴果黑色，球形。种子近球形，外薄被蜡质的假种皮。花期4—6月。

【习性与生境】 喜光，喜温暖湿润气候，耐水湿，喜肥沃深厚的土壤。生于山谷或山坡混交林中。

【繁殖方式】 播种。

【观赏特性】 春秋色叶。树冠整齐，叶形秀丽，春叶紫红色，秋季叶色鲜红色、紫红色、橙红色或暗红色，是优良的园林绿化及观赏树种。

【园林用途】 宜在山区、低海拔处营造风景林，亦可植于草坪、林缘、亭廊建筑角隅装点秋色。

【其他经济价值】 优良蜜源植物；叶、根皮和树皮可药用，具有泻下逐水、散瘀消肿的功效；种子榨油，可制肥皂；木材轻软，可制火柴枝及茶叶容器。

116. 圆叶乌桕

拉丁学名 *Triadica rotundifolia* (Hemsley) Esser　　大戟科 Euphorbiaceae　乌桕属 *Triadica*

【识别特征】 落叶乔木，高5～12米。单叶互生，近革质，叶片近圆形，长5～11厘米，宽6～12厘米，全缘，腹面绿色，背面苍白色，中脉在背面显著凸起；叶柄圆柱形，纤细，顶端具2个腺体。花单性，雌雄同株，密集成顶生的总状花序。蒴果近球形。种子扁球形，腹面具1条纵棱。花期4—6月。

【习性与生境】 喜生于阳光充足的石灰岩山地，耐干旱，喜光，为钙质土的指示植物。

【繁殖方式】 播种。

【观赏特性】 秋色叶。叶色翠绿，深秋变红色，为典型的秋色树种，花、果也可观赏。

【园林用途】 秋叶鲜红色，为优美的风景树。宜孤植、列植或片植，可作庭院树、行道树及秋色树种；也是营造水源林的优良树种。

【其他经济价值】 叶可药用，有解毒、消肿、杀虫的功效。

117. 乌桕（桕子树）

拉丁学名 *Triadica sebifera* (L.) Small　　大戟科 Euphorbiaceae　乌桕属 *Triadica*

【识别特征】 落叶乔木，高可达20米。各部具乳状汁液。树皮有纵裂纹；枝具皮孔。单叶互生，纸质，叶片菱形、菱状卵形，长3～8厘米，宽3～9厘米，全缘；叶柄纤细，顶端具2个腺体。花单性，雌雄同株，聚集成顶生的总状花序；雌花通常生于花序轴最下部，雄花生于花序轴上部。蒴果梨状球形，成熟时黑色。具3颗种子，种子扁球形，黑色。花期4—8月。

【习性与生境】 喜光，喜温暖湿润气候，耐水湿及短期积水，对土壤适应性强，耐盐碱，耐旱耐瘠薄，抗风性强；对氟化氢有较强抗性。

【繁殖方式】 播种。

【观赏特性】 春秋色叶。树冠整齐，叶形秀丽，新叶紫红色或暗红色，入秋叶色红艳色、紫红色或金黄色，绚丽诱人；冬日白色乌桕子挂满枝头，经久不掉，也颇美观。

【园林用途】 宜孤植、列植或片植，可作庭院树、行道树、独赏树或生态风景林树种；是营造水源林的优良树种；也可作盆栽。

【其他经济价值】 优良木材；种子外被的蜡质称为"桕蜡"，可提制皮油，可制高级香皂、蜡纸、蜡烛等；种仁榨取的油称"桕油"或"青油"，可制油漆、油墨等；假种皮为制蜡烛和肥皂的原料。

118. 木油桐（千年桐）

拉丁学名 *Vernicia montana* Lour. 大戟科 Euphorbiaceae 油桐属 *Vernicia*

【识别特征】 落叶乔木，高可达20米。叶阔卵形，长8～20厘米，宽6～18厘米，顶端短尖至渐尖，基部心形至截平，全缘或2～5裂，裂缺常有杯状腺体，掌状脉5条；叶柄长7～17厘米，顶端有2枚具柄的杯状腺体。花序生于当年生已发叶的枝条上，雌雄异株或同株异序；花萼2～3裂；花瓣白色或基部紫红色且有紫红色脉纹，倒卵形，长2～3厘米，基部爪状。核果卵球状，直径3～5厘米，具3条纵棱，棱间有粗疏网状皱纹。有种子3颗，种子扁球状，种皮厚，有疣突。花期4—5月。

【习性与生境】 喜阳光充足环境，喜肥沃潮湿土壤。生于林中。

【繁殖方式】 播种。

【观赏特性】 春秋色叶。树形优美，树冠宽广，叶大荫浓，花美果艳，是集观叶、观花及观果于一体的优良观赏树种；新叶浅红色或紫红色，秋叶橙黄色或橘红色，艳丽而悦目；春季白花满树，格外娇俏迷人；秋果累累，也可欣赏。

【园林用途】 可列植、片植作行道树、园景树、风景林树种；可作大气中二氧化硫污染的监测植物。

【其他经济价值】 种子可提取桐油。

119. 牛耳枫

拉丁学名 *Daphniphyllum calycinum* Benth.　**虎皮楠科** Daphniphyllaceae　**虎皮楠属** *Daphniphyllum*

【识别特征】 灌木，高1.5～4米。小枝灰褐色，具稀疏皮孔。叶纸质，阔椭圆形或倒卵形，长12～16厘米，宽4～9厘米，全缘，略反卷，干后两面绿色，叶面具光泽，叶背多少被白粉，具细小乳突体。总状花序腋生，花萼盘状，苞片卵形。果卵圆形，较小，被白粉，具小疣状凸起。花期4—6月，果期8—11月。

【习性与生境】 生于疏林或灌丛中。喜疏松、肥沃、排水良好的酸性土壤，喜高温。

【繁殖方式】 播种、组织培养等。

【观赏特性】 春色叶。树形整齐，枝叶浓密苍翠，叶聚生于枝顶如莲花状且叶片亮丽而具光泽，呈橙黄色、黄绿色，花、果均可观赏。

【园林用途】 可列植、片植作园景树、风景林树种。

【其他经济价值】 种子榨油，可制肥皂或作润滑油；根、叶可药用，有清热解毒、活血散瘀的功效。

120. 钟花樱

拉丁学名 *Prunus campanulata* (Maxim.) Yü et Li　　蔷薇科 Rosaceae　李属 *Prunus*

【识别特征】落叶乔木，高4～8米。树皮黑褐色。叶片卵形，薄革质，长4～7厘米，宽2～3.5厘米，边有急尖锯齿，上面绿色，下面淡绿色；叶柄顶端常有腺体2个。伞形花序，有花2～4朵，先叶开放；总苞片长椭圆形；苞片褐色；萼筒钟状；花瓣倒卵状长圆形，粉红色，先端颜色较深，下凹，稀全缘。核果卵球形，顶端尖。花期2—3月，果期4—5月。

【习性与生境】喜光，稍耐阴，不耐寒，以土层深厚、肥沃、排水良好的土壤为宜。

【繁殖方式】播种、嫁接。

【观赏特性】春秋色叶。早春着花，花繁艳丽，枝叶繁茂，嫩叶浅红色或橙黄色，老叶变红色或黄色，常用于园林观赏。

【园林用途】可孤植、群植，也可植于山坡、庭院、路边、建筑物前，或大片栽植，还可作行道树、绿篱或盆景。

121．腺叶桂樱

拉丁学名 *Laurocerasus phaeosticta* (Hance) Schneid.　蔷薇科 Rosaceae　桂樱属 *Laurocerasus*

【识别特征】常绿乔木。小枝暗紫褐色，具稀疏皮孔。叶片近革质，狭椭圆形、长圆形或长圆状披针形，稀倒卵状长圆形，长6～12厘米，宽2～4厘米，先端长尾尖，基部楔形，叶边全缘，有时在幼苗或萌蘖枝上的叶具锐锯齿，两面无毛，下面散生黑色小腺点，基部近叶缘常有2枚较大扁平基腺，侧脉6～10对；叶柄长4～8毫米；托叶早落。总状花序单生于叶腋，具花数朵至10余朵；花直径4～6毫米；花瓣近圆形，白色，直径2～3毫米。果实近球形或横向椭圆形，直径8～10毫米，紫黑色。花期4—5月，果期7—10月。

【习性与生境】喜温暖湿润环境，耐阴。生于林中。

【繁殖方式】播种。

【观赏特性】春色叶。枝繁叶茂，冠大荫浓，嫩叶浅红色或红色。

【园林用途】作园景树或庭荫树，可孤植、群植或片植。

【其他经济价值】木材坚硬，为家具、建筑等用材。

122．刺叶桂樱

拉丁学名 *Laurocerasus spinulosa* (Sieb. et Zucc.) Schneid.　蔷薇科 Rosaceae　桂樱属 *Laurocerasus*

【识别特征】常绿乔木，高可达20米。小枝紫褐色或黑褐色，具明显皮孔。叶片薄革质，长圆形或倒卵状长圆形，长5～10厘米，宽2～4.5厘米，先端渐尖至尾尖，基部宽楔形至近圆形，一侧常偏斜，边缘不平而常呈波状，中部以上或近顶端常具少数针状锐锯齿，近基部沿叶缘或在叶边常具1或2对基腺；托叶早落。总状花序生于叶腋，单生，具花10～20朵；花直径3～5毫米；花瓣圆形，直径2～3毫米，白色。果实椭圆形，长8～11毫米，宽6～8毫米，褐色至黑褐色。花期9—10月，果期11月至翌年3月。

【习性与生境】喜温暖气候和潮湿环境，喜肥沃疏松土壤。生于林中。

【繁殖方式】播种。

【观赏特性】春色叶。嫩叶浅红色或银红色。叶缘有锐齿。

【园林用途】可修剪为绿墙植物，或作园景树。

123. 中华石楠（假思桃）

拉丁学名 *Photinia beauverdiana* Schneid.　　蔷薇科 Rosaceae　石楠属 *Photinia*

【识别特征】 落叶灌木或小乔木，高3～10米。小枝紫褐色，有散生灰色皮孔。叶片薄纸质，长圆形、倒卵状长圆形或卵状披针形，长5～10厘米，宽2～4.5厘米，边缘具腺锯齿。花多数，呈复伞房花序；总花梗和花梗无毛，密生疣点；花瓣白色，卵形或倒卵形。果实卵形，紫红色，先端有宿存萼片。花期5月，果期7—8月。

【习性与生境】 喜温暖湿润气候，适生于酸性、中性和微碱性土壤，喜光，稍耐阴，耐干旱贫瘠；萌蘖性强，耐修剪，生长速度中等，对烟尘和有毒气体有一定的抗性。

【繁殖方式】 播种、扦插等。

【观赏特性】 春秋色叶。树形婆娑，枝叶繁茂，树冠浓密，花色洁白，果实红艳；新叶紫红色或橙红色，秋叶金黄色，极富观赏价值。

【园林用途】 宜散植于庭院或片植于风景区等，适作园景树，也可矮化作花灌木或彩篱。

【其他经济价值】 根或叶可药用，有行气活血、祛风止痛的功效；木材坚硬，可作伞柄、秤杆、算盘珠、家具、农具等用材。

124. 贵州石楠（椤木石楠）

拉丁学名 *Photinia bodinieri* Lévl.　　蔷薇科 Rosaceae　石楠属 *Photinia*

【识别特征】 常绿乔木，高6～15米。树干、枝条常有刺，幼枝发红。叶互生，革质，长椭圆形至倒卵状披针形，长5～15厘米，先端急尖或渐尖，有短尖头，基部楔形，边缘稍反卷，有细腺齿。花白色，直径1～1.2厘米；花序梗和花柄疏生柔毛。果卵球形，黄红色。花期5月，果期9—10月。

【习性与生境】 喜光，喜温暖气候，耐干旱，在酸性土和钙质土上均能生长。

【繁殖方式】 播种。

【观赏特性】 春色叶。树冠圆整，树干有刺，叶丛浓密，春季嫩叶鲜红色，花白色，冬季果实红色，鲜艳醒目。

【园林用途】 可作园景树，常作刺篱，也可修剪成各种造型。

【其他经济价值】 木材可作农具用材。

125. 光叶石楠（山官木）

拉丁学名 *Photinia glabra* (Thunb.) Maxim.　蔷薇科 Rosaceae　石楠属 *Photinia*

【识别特征】常绿乔木，高3～5米。老枝灰黑色；皮孔棕黑色，近圆形，散生。叶片革质，幼时及老时皆呈红色，椭圆形、长圆形或长圆状倒卵形，长5～9厘米，宽2～4厘米，边缘有疏生浅钝细锯齿。花多数，呈顶生复伞房花序；花瓣白色，反卷，倒卵形。果实卵形，红色。花期4—5月，果期9—10月。

【习性与生境】喜温暖湿润气候，喜光，幼树稍耐阴，耐干旱贫瘠，对土壤适应性较强，抗风性强；萌芽力较强，耐修剪，生长中速。

【繁殖方式】播种、扦插等。

【观赏特性】春秋色叶。枝叶密集，叶色浓绿光亮，果期红果累累，挂满树冠，观赏效果极佳；新叶呈紫红色、淡紫色、黄绿色等，老叶经过秋季后部分出现赤红色。

【园林用途】著名的庭院绿化树种，适作园景树、绿篱等，或根据需要，修剪成球形或圆锥形等不同的造型。

【其他经济价值】木材坚硬致密，可作器具、船舶、车辆等用材；根可药用，有祛风止痛、补肾强筋的功效；种子榨油，可制肥皂或润滑油。

126. 桃叶石楠

拉丁学名 *Photinia prunifolia* (Hook. et Arn.) Lindl.　蔷薇科 Rosaceae　石楠属 *Photinia*

【识别特征】常绿乔木，高10～20米。小枝灰黑色，具黄褐色皮孔。叶片革质，长圆形或长圆状披针形，长7～13厘米，宽3～5厘米，边缘有密生具腺的细锯齿，上面光亮，下面满布黑色腺点，具多数腺体，有时有锯齿。花多数，密集成顶生复伞房花序；花瓣白色，倒卵形，先端圆钝，基部有茸毛。果实椭圆形，红色。花期3—4月，果期10—11月。

【习性与生境】阳性树种，喜温暖湿润气候，喜光，也耐阴，抗寒力不强，对土壤要求不严，以肥沃湿润的沙壤土最为适宜，适应性强。生于疏林中。

【繁殖方式】播种、扦插等。

【观赏特性】春秋色叶。枝繁叶茂，叶片翠绿，具光泽，早春幼枝嫩叶为紫红色，枝叶浓密，老叶经过秋季后部分出现赤红色，夏季密生白色花朵，秋后鲜红果实缀满枝头，鲜艳夺目。

【园林用途】可作庭荫树或进行绿篱栽植，也可修剪成球形、圆锥形等造型。

127．石楠（凿角）

拉丁学名 *Photinia serratifolia* (Desfontaines) Kalkman　　蔷薇科 Rosaceae　石楠属 *Photinia*

【识别特征】常绿灌木或小乔木，高4～6米。叶片革质，长椭圆形，长9～22厘米，宽3～6.5厘米，边缘有疏生具腺细锯齿，近基部全缘，上面光亮，幼时中脉有茸毛，中脉显著。复伞房花序顶生；花密生；花瓣白色，近圆形。果实球形，红色，后呈褐紫色，有1颗种子。种子卵形，棕色，平滑。花期4—5月，果期10月。

【习性与生境】喜温暖湿润气候，喜光，也耐阴，对土壤要求不严，以肥沃湿润的沙壤土为宜；萌芽力强，耐修剪，对烟尘和有毒气体有一定的抗性。

【繁殖方式】播种、扦插。

【观赏特性】春秋色叶。树冠圆整，叶丛浓密，春季嫩叶紫红色，冬、春季节常有鲜红色、紫褐色的零星色叶，花白色，冬季果实红色，鲜艳醒目，是常见的观赏树种。

【园林用途】可配植于公园、庭院，大苗可作树墙、绿篱材料。

【其他经济价值】木材紧密，可制车轮及器具柄；种子榨油可制油漆、肥皂或润滑油；叶、根可药用，为强壮剂、利尿剂，有镇静、解热等功效。

128. 紫叶李（红叶李）

拉丁学名 *Prunus cerasifera* 'Atropurpurea'　蔷薇科 Rosaceae　李属 *Prunus*

【识别特征】 落叶灌木或小乔木，高可达8米。多分枝，小枝暗红色。叶片椭圆形、卵形或倒卵形，先端急尖，边缘有圆钝锯齿，叶紫红色。花1朵，稀2朵；萼筒钟状，萼片长卵形；花瓣白色，长圆形或匙形，边缘波状。核果近球形或椭圆形，红色，微被蜡粉。花期4月，果期8月。

【习性与生境】 喜光，喜温暖湿润气候，不耐干旱，较耐水湿，对土壤适应性强，不耐盐碱；根系较浅，萌生力较强。

【繁殖方式】 嫁接、扦插、压条等。

【观赏特性】 常色叶。树形饱满，早春满树繁花，新叶红色或暗红色，老叶紫红色，整个生长季保持红叶色调。

【园林用途】 宜群植、丛植于建筑物前、路旁、草坪角隅。

129. 沙梨

拉丁学名 *Pyrus pyrifolia* (Burm. F.) Nakai　蔷薇科 Rosaceae　梨属 *Pyrus*

【识别特征】 落叶乔木，高可达15米。小枝嫩时具黄褐色长柔毛或茸毛，不久脱落；二年生枝紫褐色或暗褐色，具稀疏皮孔；冬芽长卵形，先端圆钝，鳞片边缘和先端稍具长茸毛。叶片卵状椭圆形或卵形，长7～12厘米，宽4～6.5厘米；叶柄长3～4.5厘米；托叶早落。伞形总状花序，具花6～9朵，直径5～7厘米；花直径2.5～3.5厘米；花瓣卵形，白色。果实近球形，浅褐色，有浅色斑点，先端微向下陷，萼片脱落。花期4月，果期8月。

【习性与生境】 喜光，喜温暖多雨地区。

【繁殖方式】 嫁接、扦插等。

【观赏特性】 秋色叶。秋叶红色，色彩艳丽；花色洁白，果实硕大。

【园林用途】 常在庭院栽培。

【其他经济价值】 常见水果；果可药用，有止咳化痰的功效。

130．石斑木（车轮梅）

拉丁学名 *Rhaphiolepis indica* (L.) Lindl.　　蔷薇科 Rosaceae　石斑木属 *Rhaphiolepis*

【识别特征】常绿灌木，高可达4米。叶片集生于枝顶，卵形、长圆形，长2～8厘米，宽1.5～4厘米，边缘具细钝锯齿，上面光亮，下面色淡，网脉明显。顶生圆锥花序或总状花序；总花梗和花梗被锈色茸毛；花瓣5片，白色或淡红色，倒卵形或披针形。果实球形，紫黑色。花期4月，果期7—8月。

【习性与生境】生性强健，喜光，耐水湿，耐盐碱土，耐热，抗风，耐寒。生于山坡、路边或溪边灌木林中。

【繁殖方式】播种。

【观赏特性】春色叶。树冠紧密，嫩叶橙黄色，花朵美丽，枝叶密生，不用修剪，自然优美。

【园林用途】适植于园路转角处，或用于空间分隔，或用于作阻挡视线的隐蔽材料，是作树球、绿篱的优良树种。

【其他经济价值】木材带红色，质重坚韧，可作器物；根可药用，可治跌打损伤。

131. 锈毛莓（蛇包簕）

拉丁学名 *Rubus reflexus* Ker.　　蔷薇科 Rosaceae　悬钩子属 *Rubus*

【识别特征】 攀援灌木，高可达2米。枝被锈色茸毛状毛。单叶，心状长卵形，长7～14厘米，宽5～11厘米，上面有明显皱纹，边缘3～5裂，有不整齐的粗锯齿或重锯齿。花数朵簇生于叶腋或呈顶生短总状花序；总花梗和花梗密被锈色长柔毛；花瓣长圆形至近圆形，白色，与萼片近等长。果实近球形，深红色；核有皱纹。花期6—7月，果期8—9月。

【习性与生境】 喜温暖湿润气候和疏松肥沃的酸性土壤，喜光，稍耐阴，耐干旱贫瘠；萌蘖性强，耐修剪。生于山坡、山谷灌丛或疏林中。

【繁殖方式】 播种。

【观赏特性】 常色叶。新叶常具不规则色斑，以深紫色、砖红色、红褐色为主，随着叶片生长色斑逐渐淡化，叶片下面绣色，两面色差较大。

【园林用途】 适作石景点缀及林下、坡地地被植物。

【其他经济价值】 果味甜，可生食、制果酱，以及酿酒。

132．珍珠相思（银叶金合欢、珍珠金合欢）

拉丁学名 *Acacia podalyriifolia* G. Don　　含羞草科 Mimosaceae　相思树属 *Acacia*

【识别特征】 灌木或小乔木，高2～5米。树皮粗糙，褐色。多分枝，小枝常呈“之”字形弯曲，有小皮孔。二回羽状复叶长2～7厘米，叶轴槽状，被灰白色柔毛，有腺体；羽片4～8对，长1.5～3.5厘米；小叶通常10～20对，线状长圆形。头状花序1个或2～3个簇生于叶腋，花黄色，有香味；花瓣连合呈管状。荚果膨胀，近圆柱状，褐色。种子褐色，卵形。花期3—6月，果期7—11月。

【习性与生境】 中等喜光、喜温暖、喜湿润，以排水良好的酸性壤土或沙壤土为宜，能适应短期水湿，但不耐长期积水；抗风，抗旱，耐瘠薄。

【繁殖方式】 播种。

【观赏特性】 常色叶。树姿优美，树干分枝矮；叶银绿色；花金黄色，鲜艳夺目，清香宜人，花期长，盛花时节，满树金黄色，非常壮观。

【园林用途】 枝条密集，可修剪成球形、伞形、柱形等各种形状，适宜种植在草坪、庭院或用作道路中间绿化带、绿篱植物。

【其他经济价值】 根及荚果含丹宁，可制作黑色染料，亦可药用，有收敛、清热的功效；花芳香，可提取香精。

133. 海红豆

拉丁学名 *Adenanthera microsperma* Teijsmann & Binnendijk **含羞草科** Mimosaceae **海红豆属** *Adenanthera*

【识别特征】 落叶乔木，高可达20米。二回羽状复叶，羽片3～5对，小叶4～7对，互生，长圆形或卵形，两端圆钝，两面均被微柔毛，具短柄。总状花序单生于叶腋或在枝顶排成圆锥花序，被短柔毛；花小，白色或黄色，有香味，具短梗。荚果狭长圆形，盘旋，开裂后果瓣旋卷。种子近圆形至椭圆形，鲜红色，有光泽。花期4—7月，果期7—10月。

【习性与生境】 喜温暖湿润气候、喜光，稍耐阴，喜土层深厚、肥沃、排水良好的沙壤土。多生于山沟、溪边、林中或栽培于庭院。

【繁殖方式】 播种、扦插等。

【观赏特性】 春色叶。树姿婆娑秀丽，新叶略带紫红色，花白色芳香，种子殷红艳丽。

【园林用途】 优良的园林风景树，宜在庭院中孤植、列植、片植作园景树、行道树或风景林的上层树种。

【其他经济价值】 心材暗褐色，质坚而耐腐，可作支柱、船舶、建筑用材和箱板；根、叶可药用，有收敛的功效；种子鲜红色而光亮，可作装饰品。全株有毒，不可食用。

134. 朱缨花（红绒球）

拉丁学名 *Calliandra haematocephala* Hassk.　　含羞草科 Mimosaceae　朱缨花属 *Calliandra*

【识别特征】 落叶灌木。二回羽状复叶，羽片1对，小叶7～9对，斜披针形，长2～4厘米，中上部的小叶较大，下部的较小。头状花序腋生，有花25～40朵；花萼钟状，绿色；花冠淡紫红色，顶端具5裂片，裂片反折。荚果线状倒披针形，暗棕色，成熟时由顶至基部沿缝线开裂，果瓣外反。种子5～6颗，长圆形，棕色。花期8—9月，果期10—11月。

【习性与生境】 喜光，喜温暖湿润气候，不耐寒，适生于深厚肥沃、排水良好的酸性土壤。

【繁殖方式】 播种、扦插等。

【观赏特性】 春色叶。树姿优美，嫩叶暗红色、浅红色、橙黄色，花色鲜红又似绒球状，耐修剪。

【园林用途】 优良的花灌木，种植于各种绿地中，可修剪成圆球形或作绿篱。

【其他经济价值】 树皮可药用，有利尿、驱虫的功效。

135. 羊蹄甲（玲甲花）

拉丁学名 *Bauhinia purpurea* L.　　苏木科 Caesalpiniaceae　羊蹄甲属 *Bauhinia*

【识别特征】 乔木或直立灌木，高7～10米。树皮光滑，灰色至暗褐色。叶硬纸质，近圆形，长10～15厘米，宽9～14厘米，基部浅心形，先端分裂达叶长的1/3～1/2。总状花序侧生或顶生，少花；花瓣桃红色，倒披针形，具脉纹和长的瓣柄。荚果带状，扁平，略呈弯镰状，成熟时开裂。种子近圆形，扁平，种皮深褐色。花期9—11月，果期翌年2—3月。

【习性与生境】 喜温暖湿润气候，喜光，耐半阴，喜肥沃湿润的酸性土，耐水湿，不耐干旱；萌芽力强，速生，抗氟污染能力强。

【繁殖方式】 播种、扦插、压条等。

【观赏特性】 春秋色叶。树冠开展优美，花大、美丽而有香味，于秋冬季开放；叶片形如牛羊的蹄甲，嫩叶橙黄色，老叶渐变黄色。

【园林用途】 可孤植、列植，作园景树、庭荫树、行道树。

【其他经济价值】 树皮、花和根可作外用药，为烫伤及脓疮的洗涤剂。

136．格木（赤叶柴）

拉丁学名 *Erythrophleum fordii* Oliv.　　苏木科 Caesalpiniaceae　格木属 *Erythrophleum*

【识别特征】 常绿乔木，高可达20米。叶互生，二回羽状复叶；羽片通常3对，对生或近对生，长20～30厘米，每羽片有小叶8～12片；小叶互生，卵形或卵状椭圆形，长5～8厘米，宽2.5～4厘米，两侧不对称，边全缘。由穗状花序排成圆锥花序；萼钟状，裂片长圆形，边缘密被柔毛；花瓣5片，淡黄绿色。荚果长圆形。种子长圆形，种皮黑褐色。花期5—6月，果期8—10月。

【习性与生境】 喜光，喜温暖湿润气候，不耐寒，不耐干旱，又忌积水，在土层深厚、疏松肥沃的酸性土壤中生长良好；对大气污染具有一定抗性。幼龄稍耐阴，中龄后喜光。常生于山地密林或疏林中。

【繁殖方式】 播种。

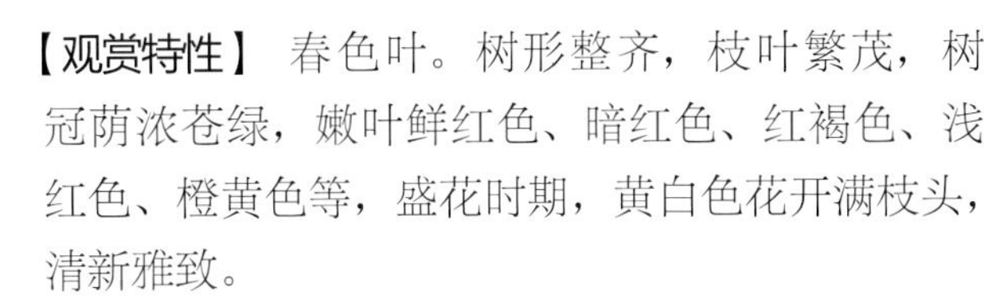

【观赏特性】 春色叶。树形整齐，枝叶繁茂，树冠荫浓苍绿，嫩叶鲜红色、暗红色、红褐色、浅红色、橙黄色等，盛花时期，黄白色花开满枝头，清新雅致。

【园林用途】 优良的园林风景树、庭荫树和行道树，可作为风景林的上层树种，亦可作四旁绿化树种，或作涵养水源、改良土壤等的防护林树种。

【其他经济价值】 国家Ⅱ级重点保护野生植物。木材坚硬，极耐腐，心材与边材明显，心材大，黑褐色，边材黄褐色稍暗，有“铁木”之称，是家具、船、码头、车辆、桥梁建筑、机械工业的特好用材；小径材、枝丫、梢头等可作小工具用材，如各种日常用具的把柄等。

137. 中国无忧花（火焰花）

拉丁学名 *Saraca dives* Pierre　　苏木科 Caesalpiniaceae　无忧花属 *Saraca*

【识别特征】 常绿乔木，高5～20米。叶有小叶5～6对，嫩叶略带紫红色，下垂；小叶近革质，长椭圆形、卵状披针形或长倒卵形，长15～35厘米，宽5～12厘米，基部1对常较小。花序腋生，较大，总轴被毛或近无毛；花黄色，后部分变红色，两性或单性。荚果棕褐色，扁平，果瓣卷曲。种子5～9颗，形状不一，扁平，两面中央有一浅凹槽。花期4—5月，果期7—10月。

【习性与生境】 喜光，喜高温湿润气候，不耐寒，喜生于富含有机质、肥沃、排水良好的土壤；对大气污染抗性弱，为大气污染敏感树种。

【繁殖方式】 播种、扦插、压条等。

【观赏特性】 春色叶。枝叶浓密，树姿优雅，嫩叶紫红色或黄红色，常聚合成串，柔软下垂，微风摇曳，婀娜可爱，令人乐而无忧；花橙黄色，花序大型，花期长，盛花期花开满枝头，似火焰，有“火焰花”之称。

【园林用途】 可作为庭院风景树栽植，也可列植作行道树，宜孤植于庭院或与其他中低层灌木配植。

【其他经济价值】 树皮可药用，可治风湿等。

138. 降香（降香黄檀）

拉丁学名 *Dalbergia odorifera* T. Chen　　**蝶形花科** Papilionaceae　**黄檀属** *Dalbergia*

【识别特征】 落叶乔木，高10～15米。树皮褐色或淡褐色，粗糙，有纵裂槽纹。小枝有皮孔。一回奇数羽状复叶，羽片长12～25厘米；小叶3～6对，近革质，卵形或椭圆形，长3.5～5.5厘米；复叶顶端的一枚小叶最大，往下渐小，基部一对长仅为顶小叶的1/3。圆锥花序腋生，由多数聚伞花序组成；花冠黄色或乳白色。荚果舌状，长椭圆形，扁平。花期4—6月，果期10—11月。

【习性与生境】 喜温暖湿润气候，喜光，幼树稍喜阴，耐干旱瘠薄，对土壤要求不严，忌水涝和严寒；萌芽力强，自然生长缓慢。

【繁殖方式】 播种、扦插等。

【观赏特性】 秋色叶。树形优美，枝繁叶茂，枝叶开展，略下垂；白花细密且芳香，春季开花时满树洁白，清香四溢；入秋老叶部分变黄色，久久不落；小荚果熟后不落，久悬树枝，很引人注目。

【园林用途】 可列植、片植作行道树、庭荫树或作风景林、生态公益林树种。

【其他经济价值】 木材为著名的珍贵材，边材淡黄色，质略疏松，心材红褐色，坚重，纹理致密，为上等家具良材，可制作工艺制品、乐器、雕刻品、美工装饰品等；干心材和根部心材为名贵中药材。

139. 刺桐

拉丁学名 *Erythrina variegata* L.　　蝶形花科 Papilionaceae　刺桐属 *Erythrina*

【识别特征】 落叶乔木，高可达20米。树皮灰褐色。羽状复叶具3片小叶，常密集于枝端；小叶膜质，宽卵形或菱状卵形，长和宽均为15～30厘米，基脉3条，侧脉5对；小叶柄基部有一对腺体状的托叶。总状花序顶生，上有密集、成对着生的花；花萼佛焰苞状；花冠红色，旗瓣椭圆形。荚果黑色，肥厚，种子间略缢缩。种子1～8颗，肾形，暗红色。花期3月，果期8月。

【习性与生境】 喜温暖湿润、光照充足的环境，耐旱也耐湿，喜肥沃、排水良好的沙壤土；性强健，萌发力强，生长快。常生于树旁或近海溪边，或栽于公园。

【繁殖方式】 扦插。

【观赏特性】 秋色叶。树体高大挺拔，枝叶茂盛，秋叶黄色，花色红艳。

【园林用途】 可孤植于草地或建筑物旁，或丛植于公园、绿地及风景区作美化树种，也是公路及市街的优良行道树。

【其他经济价值】 木材白色、质地轻软，可制造木屐或玩具；树叶、树皮和树根可药用，有解热和利尿的功效。

140. 厚果崖豆藤（苦檀子）

拉丁学名 *Milletia pachycarpa* Benth.　　蝶形花科 Papilionaceae　崖豆藤属 *Millettia*

【识别特征】 藤本，长达15米。一回奇数羽状复叶长30～50厘米；托叶阔卵形，黑褐色，贴生于鳞芽两侧；小叶6～8对，草质，长圆状椭圆形至长圆状披针形，长10～18厘米，宽3.5～4.5厘米，中脉在下面隆起。总状圆锥花序，密被褐色茸毛；花冠淡紫色。荚果深褐黄色，肿胀，长圆形；果瓣木质，甚厚，迟裂。种子1～5颗，黑褐色，肾形。花期4—6月，果期6—11月。

【习性与生境】 喜温暖湿润气候，喜光，耐阴，忌水淹。生于山坡常绿阔叶林内。

【繁殖方式】 播种。

【观赏特性】 春色叶。嫩叶淡红色、橙黄色等。

【园林用途】 可作垂直绿化树种。

【其他经济价值】 种子和根含鱼藤酮，磨粉可作杀虫药；茎皮纤维可供利用。

141. 白花油麻藤（禾雀花）

拉丁学名 *Mucuna birdwoodiana* Tutch.　　蝶形花科 Papilionaceae　油麻藤属 *Mucuna*

【识别特征】 常绿大型木质藤本。老茎断面淡红褐色，有3～4个偏心的同心圆圈，断面先流白汁，2～3分钟后有血红色汁液形成。三出复叶，

叶长17～30厘米；叶柄长8～20厘米；小叶近革质，顶生小叶椭圆形、卵形或略呈倒卵形，侧生小叶偏斜。总状花序生于老枝上或生于叶腋，长20～38厘米，有花20～30朵，常呈束状；苞片卵形；萼筒宽杯形；花冠白色或带绿白色，旗瓣长3.5～4.5厘米。果木质，带形，长30～45厘米，宽3.5～4.5厘米，厚1～1.5厘米，近念珠状，密被红褐色短茸毛。种子5～13颗。花期4—6月，果期6—11月。

【习性与生境】 喜温暖潮湿环境，耐阴。生于路旁、溪边，常攀援在乔木、灌木上。

【繁殖方式】 播种。

【观赏特性】 春色叶。蔓茎粗壮，嫩叶淡红色、橙红色、浅黄色；花序吊挂成串，每串20～30朵，串串下垂，酷似无数白中带翠、如玉温润的小鸟栖息在枝头。

【园林用途】 优良垂直绿化树种。

【其他经济价值】 民间将本种用作通经络、强筋骨的草药；种子含淀粉，有毒，不宜食用。

142．海南红豆

拉丁学名 *Ormosia pinnata* (Lour.) Merr.　　蝶形花科 Papilionaceae　红豆属 *Ormosia*

【识别特征】 常绿乔木，高可达20米。树冠圆球形。树干独立通直，树皮光滑，灰色或灰黑色。奇数羽状复叶，小叶对生7～9片，薄革质，披针形，长10～15厘米。圆锥花序顶生，花冠淡粉红色带黄白色或白色。荚果卵形或圆柱形，扁平，果瓣木质，熟时橙红色，干时褐色。种子红色。花期6—8月，果期11—12月。

【习性与生境】 阳性树种，可耐半阴，喜肥水，喜酸性土壤；抗风、抗污染，生长较为缓慢。生于山谷、山坡、路旁森林中。

【繁殖方式】 播种。

【观赏特性】 春色叶。树形优美，冠大荫浓，叶色浓绿，春季嫩叶柠檬黄色或浅红色，继而转淡黄色；花色淡雅，果实珍奇，种子鲜红欲滴，随季节而变的叶、花、果美景非常引人注目。

【园林用途】 适于公园、庭院、绿地单植或于群状疏植的景点栽植，可孤植、列植作园景树、庭荫树和行道树；叶片密生，含水量高，树冠空隙小，还可作防火树种。

【其他经济价值】 国家Ⅱ级重点保护野生植物。木材纹理通直，心材淡红棕色，边材淡黄棕色，材质稍软，易加工，不耐腐，可作一般家具、建筑用材。

143. 水黄皮

拉丁学名 *Pongamia pinnata* (L.) Pierre　　蝶形花科 Papilionaceae　水黄皮属 *Pongamia*

【识别特征】 乔木，高8～15米。老枝密生灰白色小皮孔。羽状复叶长20～25厘米；小叶2～3对，近革质，卵形、阔椭圆形至长椭圆形，长5～10厘米，宽4～8厘米。总状花序腋生，通常2朵花簇生于花序总轴的节上；花冠白色或粉红色，各瓣均具柄，旗瓣背面被丝毛，边缘内卷，龙骨瓣略弯曲。荚果，表面有小疣突。种子1颗，肾形。花期5—6月，果期8—10月。

【习性与生境】 喜光、喜水湿，耐轻盐土，生长适温为22～33℃，对土壤要求不严，可在瘠薄的立地条件下生长，其根部的根瘤菌具固氮作用。多生于水边及潮汐能到达的海岸沙滩及石滩上。

【繁殖方式】 播种、扦插、根蘖等。

【观赏特性】 春色叶。伞形树冠，枝繁叶茂；新叶暗红色、红褐色、浅红色或橙黄色；花多成串，花期较长，观赏价值高。

【园林用途】 庭院、校园、园林和行道绿化的优良树种。由于具有抗风和耐盐碱的特性，成为沿海地区园林绿化和行道树的首选树种之一。

【其他经济价值】 木材纹理致密美丽，可制作各种器具；种子榨油，可作燃料；全株可药用，可作催吐剂和杀虫剂。

144. 槐（槐树）

拉丁学名 *Styphnolobium japonicum* (L.) Schott　　蝶形花科 Papilionaceae　槐属 *Styphnolobium*

【识别特征】 落叶乔木，高可达25米。树皮灰褐色，具纵裂纹。羽状复叶长达25厘米；叶柄基部膨大；小叶4～7对，对生或近互生，纸质，卵状披针形或卵状长圆形，长2.5～6厘米，宽1.5～3厘米，先端渐尖，具小尖头，稍偏斜，下面灰白色。圆锥花序顶生，常呈金字塔形；花冠白色或淡黄色。荚果串珠状。种子1～6颗，卵球形，淡黄绿色。花期7—8月，果期8—10月。

【习性与生境】 喜阳光，耐寒，稍耐阴，不耐阴湿而抗旱，深根，对土壤要求不严，但在湿润、肥沃、深厚、排水良好的沙壤土上生长为宜；抗烟尘，抗烟毒能力强。

【繁殖方式】 播种、扦插等。

【观赏特性】 秋色叶。枝叶茂密，绿荫如盖，老叶变黄色，夏秋可观花。

【园林用途】 可配植于公园、建筑四周、街坊住宅区及草坪上，或作行道树、抗污染树种，亦可作防风固沙的防护林树种。

【其他经济价值】 优良蜜源植物；花蕾可制染料；果肉可药用；种子可作饲料。

145. 紫藤

拉丁学名 *Wisteria sinensis* (Sims) Sweet　　蝶形花科 Papilionacea　紫藤属 *Wisteria*

【识别特征】 落叶藤本。茎左旋，枝较粗壮。奇数羽状复叶长15～25厘米；小叶3～6对，纸质，卵状椭圆形至卵状披针形，上部小叶较大，基部1对最小，长5～8厘米，宽2～4厘米。总状花序发自去年生短枝的腋芽或顶芽，花序轴被白色柔毛；花芳香；花萼杯状，花冠紫色。荚果倒披针形，密被茸毛。种子褐色，具光泽，圆形，扁平。花期4—5月，果期5—8月。

【习性与生境】 喜光，适应性强，耐热，耐寒，耐贫瘠，以土层深厚、排水良好、向阳避风的立地条件栽培为宜；生长快，寿命长，萌蘖性强，耐修剪。

【繁殖方式】 扦插、播种、压条、嫁接、分蘖等。

【观赏特性】 春秋色叶。茎藤如龙，繁花似锦，串串悬垂于绿色藤蔓间，姿态优美；新叶浅紫色至暗紫红色，秋叶黄色，先叶开花，紫穗满垂缀以稀疏嫩叶，十分优美。

【园林用途】 优良观花藤本植物，一般应用于园林棚架，春季紫花烂漫，别有情趣，也适栽于湖畔、池边、假山、石坊等处，也可作盆景、切花。

【其他经济价值】 花可蒸食，清香味美。

146. 枫香树（枫树）

拉丁学名 *Liquidambar formosana* Hance　　金缕梅科 Hamamelidaceae　枫香树属 *Liquidambar*

【识别特征】 落叶乔木，树冠多分枝。树皮灰色，浅纵裂。叶互生，叶常为掌状3裂（萌芽枝的叶常为5～7裂），长6～12厘米，基部心形或截形，裂片先端尖，缘有锯齿。花单性，雌雄同株，随叶开放；雄性短穗状花序常多个排成总状，顶生；雌花排成稠密的总状花序，单生于叶腋。聚合蒴果球形，具刺状物，成熟后变硬。花期3—4月，果期10月。

【习性与生境】 喜光，喜温暖湿润气候，耐干旱贫瘠，不耐水湿，在疏松肥沃、排水良好的壤土上生长良好；对二氧化硫、氯气等有毒气体抗性强；主根深，抗风力强。多生于平地、村落附近，以及低山地次生林。

【繁殖方式】 播种。

【观赏特性】 春秋色叶。树干通直，树冠宽阔，气势雄伟，叶色呈明显季相变化，新叶常呈红色或黄色，秋冬叶橙红色、橙黄色、紫红色，为优良“红叶”植物，是亚热带地区重要的秋色叶树种和乡土风水树。

【园林用途】 可孤植作园景树、庭荫树，片植作防风树，适于草坪、山坡、河畔孤植、丛植，或与常绿树种配合种植，秋季红绿相衬，格外美丽；亦常用于工厂、矿区等绿化。

【其他经济价值】 树脂可药用，能解毒止痛、止血生肌；根、叶及果实亦可药用，有祛风除湿、通络活血功效；木材稍坚硬，可制家具及贵重商品的装箱。

147. 红花檵木（红檵木）

拉丁学名 *Loropetalum chinense* var. *rubrum* Yieh　**金缕梅科** Hamamelidaceae　**檵木属** *Loropetalum*

【识别特征】 灌木或小乔木。多分枝，小枝有星毛。叶革质，卵形，长2～5厘米，宽1.5～2.5厘米，上面略有粗毛或秃净，下面被星毛，稍带灰白色，全缘；叶柄有星毛。花3～8朵簇生，有短花梗，紫红色，比新叶先开放，或与嫩叶同时开放；苞片线形；萼筒杯状；花瓣4片，带状。蒴果卵圆形，先端圆，被褐色星状茸毛。种子圆卵形，黑色，发亮。花期3—4月。

【习性与生境】 喜温暖气候，耐寒冷，喜光，稍耐阴，阴时叶色容易变绿；适应性强，耐旱，耐瘠薄，宜在肥沃、湿润的微酸性土壤中生长；萌芽力和发枝力强，耐修剪。

【繁殖方式】 播种、扦插、压条、嫁接等。

【观赏特性】 常色叶。枝繁叶茂，姿态优美；新叶红色至暗红色，不同株间叶色、花色各不相同，叶片大小也不同；花开时节，满树红花，极为壮观。

【园林用途】 适应性强，耐修剪，易造型，广泛用作色篱、模纹花坛植物、灌木球、彩叶小乔木、桩景造型、盆景等城市绿化美化树种。

【其他经济价值】 叶可用于止血；根及叶用于跌打损伤，有祛瘀生新的作用。

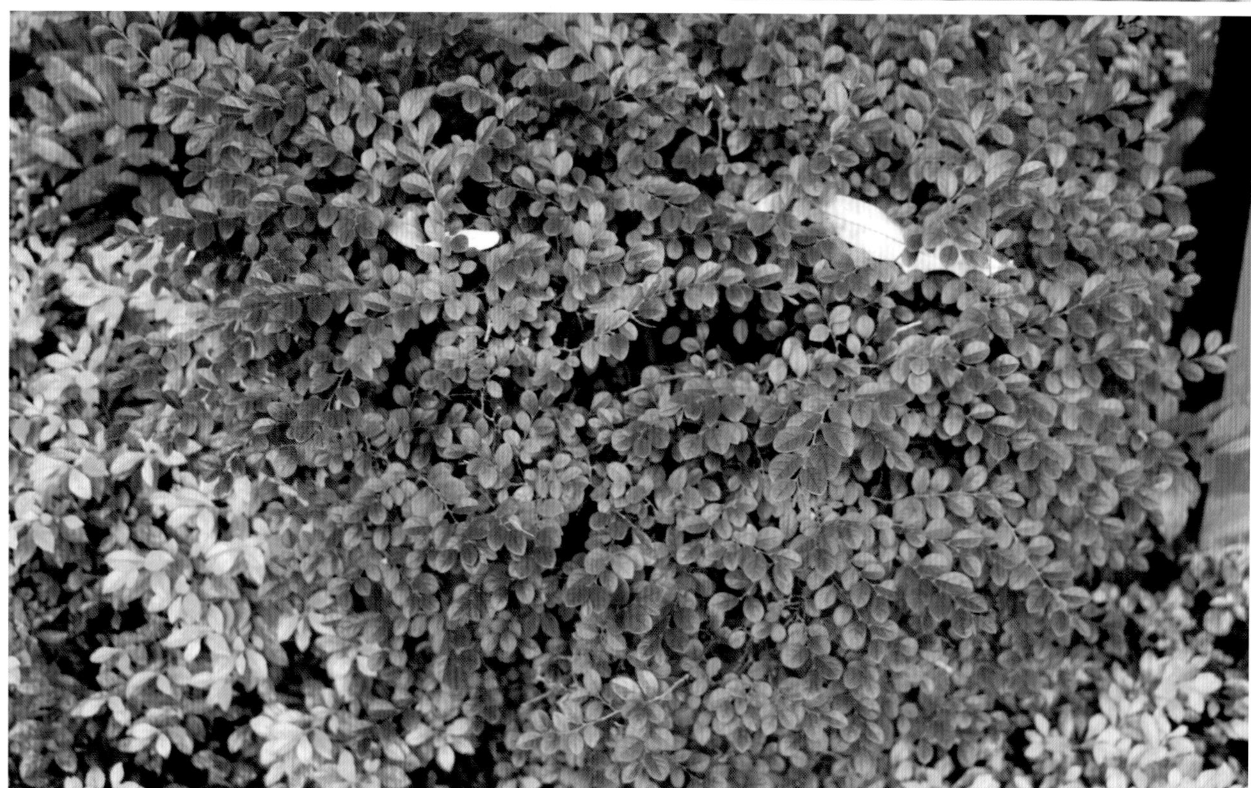

148. 壳菜果（米老排）

拉丁学名*Mytilaria laosensis* Lec.　　金缕梅科Hamamelidaceae　壳菜果属*Mytilaria*

【识别特征】 常绿乔木，高可达30米。小枝粗壮，节膨大，有环状托叶痕。叶革质，阔卵圆形，全缘，或幼叶先端3浅裂，长10～13厘米，宽7～10厘米；上面干后橄榄绿色，有光泽；下面黄绿色，或稍带灰色；掌状脉5条。肉穗状花序顶生或腋生，单独；花多数，紧密排列在花序轴上；花瓣带状舌形，白色。蒴果，外果皮厚，黄褐色，松脆易碎。种子褐色，有光泽。

【习性与生境】 喜光；萌芽性强，耐修剪；根系发达，抗风能力强。适生于深厚湿润、排水良好的山腰与山谷荫坡、半荫坡地带。

【繁殖方式】 播种。

【观赏特性】 春秋色叶。树形高大，嫩叶紫红色，老叶变黄色，花美丽。

【园林用途】 宜孤植、片植，作园景树、风景林树种。

【其他经济价值】 木材为散孔材，淡红褐色，结构细，易加工，切面光洁，耐腐，少虫蛀，可作家具、建筑、农具、胶合板、室内装修、木地板等用材。

149. 半枫荷

拉丁学名 *Semiliquidambar cathayensis* Chang　金缕梅科 Hamamelidaceae　半枫荷属 *Semiliquidambar*

【识别特征】 常绿乔木，高可达18米。树皮灰色。叶簇生于枝顶，革质，异型，不分裂的叶片卵状椭圆形，长8～13厘米，宽3.5～6厘米；上面深绿色，发亮，下面浅绿色；或为掌状3裂，边缘有具腺锯齿；掌状脉3条；叶柄较粗壮，上部有槽。雄花的短穗状花序常数个排成总状。头状果序直径2.5厘米，有蒴果22～28个。

【习性与生境】 幼年期耐阴；在土层深厚、肥沃、疏松、湿润、排水良好的酸性土壤上生长良好；天然更新力差，萌生能力也较弱。

【繁殖方式】 播种。

【观赏特性】 春色叶。树干耸直，终年常绿披翠，嫩叶紫色，叶形多变，甚为美观。

【园林用途】 可列植作行道树，或孤植、丛植作园景树，亦可与其他阔叶树种混交作风景林树种。

【其他经济价值】 蜜源植物和珍贵药用植物；根、枝、树皮均可药用，有活血通络、祛风除湿等功效；木材材质优良，旋刨性能良好，是造纸纤维原料及纤维板、刨花板的优质原料，亦是制作家具、农具的优良材料。

150. 米槠（米锥）

拉丁学名 *Castanopsis carlesii* (Hemsl.) Hayata.　壳斗科 Fagaceae　锥属 *Castanopsis*

【识别特征】 常绿乔木，高可达20米。芽小，两侧压扁状。新生枝及花序轴有稀少的红褐色片状蜡鳞；二年生及三年生枝黑褐色，皮孔甚多，细小。叶披针形，全缘，或兼有少数浅裂齿。雄圆锥花序近顶生。坚果近圆球形或阔圆锥形，顶端短狭尖，顶部近花柱四周及近基部被疏伏毛，熟透时变无毛，果脐位于坚果底部。花期3—6月，果期翌年9—11月。

【习性与生境】 喜温暖湿润气候，能耐阴，喜深厚、湿润的中性和酸性土，亦耐干旱和贫瘠，不耐积水。生于山地或丘陵常绿或落叶阔叶混交林中。

【繁殖方式】 播种。

【观赏特性】 常色叶。树冠饱满，株形紧凑，叶面绿色，叶背有红褐色或棕黄色稍紧贴的细片状蜡鳞层，成长叶呈银灰色或带灰白色。

【园林用途】 可作庭荫树、行道树、背景树，也可作四旁绿化、防火林、防风林树种，可调节亚热带常绿阔叶林的林相。

【其他经济价值】 木材棕黄色，有时其心材色污暗，木射线甚窄，材质较轻，结构略粗，纹理直，不耐水湿，属黄锥类木材，为广东及广西较常见的用材树种。

151. 华南锥

拉丁学名 *Castanopsis concinna* (Champ. ex Benth.) A. DC.　　壳斗科 Fagaceae　锥属 *Castanopsis*

【识别特征】 常绿乔木，高可达20米。叶革质，椭圆形或长圆形，有时兼有倒披针形，长5～10厘米，宽1.5～3.5厘米，稀更大，全缘，略向背卷，侧脉每边12～16条，叶背密被粉末状红棕色或棕黄色易刮落的鳞秕，嫩叶叶背及中脉叶缘有疏长毛。雄穗状花序通常单穗腋生，或为圆锥花序，雄蕊10～12枚；雌花序长5～10厘米，花柱3或4枚，少有2枚。果序长4～8厘米，轴横切面直径4～6毫米；壳斗有1坚果，壳斗圆球形，连刺直径50～60毫米，整齐的4瓣开裂，刺长10～20毫米，被微柔毛，下部合生成刺束，将壳壁完全遮蔽；坚果扁圆锥形，高约10毫米，横径约14毫米，密被短伏毛，果脐约占坚果面积的1/3或不到一半。花期4—5月，果熟期翌年9—10月。

【习性与生境】 喜温暖气候，耐贫瘠。生于林中。

【繁殖方式】 播种。

【观赏特性】 常色叶。枝繁叶茂，叶革质，上面绿色，叶背红棕色或棕黄色。

【园林用途】 可作庭荫树、行道树。

【其他经济价值】 心材大，褐红色，心材淡红棕色，年轮可分瓣，木射线窄，材质坚重，有弹性，结构略粗，纹理直，耐水湿，为优质的建筑器械及家具用材，属红锥类木材。

152. 栲（红背锥）

拉丁学名 *Castanopsis fargesii* Franch.　　壳斗科 Fagaceae　锥属 *Castanopsis*

【识别特征】 常绿乔木，高10～30米。叶长椭圆形或披针形，稀卵形，长7～15厘米，宽2～5厘米，全缘或有时在近顶部边缘有少数浅裂齿，侧脉每边11～15条；叶背的蜡鳞层颇厚且呈粉末状，嫩叶的叶背为红褐色，成长叶的为黄棕色，或淡棕黄色，少因蜡鳞早脱落而呈淡黄绿色。雄花穗状或圆锥花序，花单朵密生于花序轴上；雌花单朵散生于长达30厘米的花序轴上。壳斗通常圆球形或宽卵形，连刺直径25～30毫米，刺长8～10毫米；坚果圆锥形，或近于圆球形。花期4—6月或8—10月，果翌年同期成熟。

【习性与生境】 喜温暖湿润气候及深厚肥沃的土壤。生于林中。

【繁殖方式】 播种。

【观赏特性】 常色叶。树冠雄伟，枝叶茂密；叶面绿色，叶背嫩时红褐色，成长叶黄棕色或淡棕黄色，少因蜡鳞早脱落而呈淡黄绿色。

【园林用途】 适作园林景观树或于森林公园栽植。

【其他经济价值】 木材坚硬，为优良家具、建筑用材；种子含淀粉。

153. 黧蒴锥

拉丁学名 *Castanopsis fissa* (Champion ex Bentham) Rehder et E. H. Wilson　　壳斗科 Fagaceae　锥属 *Castanopsis*

【识别特征】 常绿乔木，高10～25米。单叶互生，叶厚纸质，长椭圆形或倒卵状椭圆形，长15～25厘米，宽5～9厘米，顶部渐尖或圆，基部楔尖，边缘有波浪状钝锯齿，叶面粗糙，羽脉显著。柔荑花序单穗腋生或排成圆锥花序状。壳斗杯状，每壳斗中有一果；坚果卵形或椭圆形，顶端尖，仅顶端不为壳斗包被。花期3—5月，果期10—12月。

【习性与生境】 喜光，但幼年耐阴，喜湿热气候，对立地条件要求不严，生于微酸性壤土中，较耐干旱瘠薄；根系发达，固土能力强，萌芽力强，枝叶繁茂，落叶多，速生。

【繁殖方式】 播种。

【观赏特性】 春色叶。冠大荫浓，枝叶繁茂，新叶紫红色，花序呈放射状，散逸潇洒，色彩清丽；叶大花多，花黄色衬映；阳光照射下，叶背银光闪闪。

【园林用途】 适宜作庭院风景树、庭荫树种植，也是建设生态公益林，尤其是营造水源涵养林、水土保持林、防火林带的优良树种。

【其他经济价值】 树皮纤维较长，单宁的含量颇高，心材和边材界限分明，心材淡黄棕色，边材色淡，年轮明显，木材弹性大，质较轻软，结构细致，易加工，适作一般的门、窗、家具与箱板用材；也为优良薪炭用材。

154. 红锥

拉丁学名 *Castanopsis hystrix* J. D. Hooker et Thomson ex A. De Candolle　壳斗科 Fagaceae　锥属 *Castanopsis*

【识别特征】 常绿乔木，高可达25米。树皮灰褐色，浅纵裂，片状剥落。幼枝被疏柔毛，及黄棕色细片状蜡鳞。单叶互生，纸质或薄革质，卵状披针形，长4～9厘米，宽1.5～4厘米，全缘或有少数浅裂齿。雄花序为圆锥花序或穗状花序；雌穗状花序单穗位于雄花序上部叶腋间。壳斗球形，有坚果1个，整齐的4瓣开裂。花期4—6月，果期翌年10—12月。

【习性与生境】 喜湿润、温暖、多雨的季风气候，不耐水涝，萌芽再生能力强，以深厚、排水性良好的酸性壤土为宜。多生于缓坡及山地常绿阔叶林中，稍干燥及湿润的地方。

【繁殖方式】 播种。

【观赏特性】 春色叶。树干通直，挺拔优美，枝叶繁茂，冠大荫浓，嫩叶鲜红色、绯红色、暗红色、橙黄色等。

【园林用途】 可孤植、列植作庭院遮阴树、行道树；也可片植作风景林的上层树种。

【其他经济价值】 木质坚重，纹理直，木材为建筑、家具的优质用材。

155. 钩锥（钩栗）

拉丁学名 *Castanopsis tibetana* Hance　壳斗科 Fagaceae　锥属 *Castanopsis*

【识别特征】 常绿乔木，高可达30米。树皮灰褐色，粗糙。小枝干后黑色或黑褐色。新生嫩叶暗紫褐色，成长叶革质，卵状椭圆形，长15～30厘米，宽5～10厘米，叶缘至少在近顶部有锯齿状锐齿，侧脉直达齿端，中脉在叶面凹陷。雄穗状花序或圆锥花序。壳斗有坚果1个，圆球形；坚果扁圆锥形，被毛。花期4—5月，果熟期翌年8—10月。

【习性与生境】 喜温暖湿润气候及深厚肥沃的酸性土壤，较喜光，不耐寒，不耐水涝；萌蘖性较强。常生于山地杂木林中较湿润的地方或平地路旁或寺庙周围，有时成小片纯林。

【繁殖方式】 播种。

【观赏特性】 春秋色叶。树冠宽大，枝叶浓密，两面叶色迥异，新叶常呈红褐色或艳紫色，老叶叶背淡棕灰色或银灰色。

【园林用途】 可作园林景观树或于森林公园栽植。

【其他经济价值】 木材作建筑、车船、家具等用材；种子可食用或酿酒；树皮含单宁，是栲胶原料。

156. 青冈（青冈栎）

拉丁学名 *Quercus glauca* Thunb. 壳斗科 Fagaceae 栎属 *Quercus*

【识别特征】 常绿乔木，高可达20米。叶片革质，倒卵状椭圆形或长椭圆形，长6～13厘米，宽2～5.5厘米，叶缘中部以上有疏锯齿，叶背支脉明显，叶背有整齐平伏的白色单毛，老时渐脱落，常有白色鳞秕。雄花序长5～6厘米，花序轴被苍色茸毛。果序着生果2～3个；壳斗碗形，包着坚果1/3～1/2；坚果卵形、长卵形或椭圆形，果脐平坦或微凸起。花期4—5月，果期10月。

【习性与生境】 喜温暖湿润与阳光充足的环境，耐干旱，喜生于微酸性至石灰岩壤土；萌芽力强，可采用萌芽更新。生于山坡或沟谷，组成常绿阔叶林或常绿阔叶与落叶阔叶混交林。

【繁殖方式】 播种。

【观赏特性】 春色叶。树形整齐，枝叶茂密，春季新叶嫩粉红色，可调节亚热带常绿阔叶林的林相。

【园林用途】 可作庭荫树、行道树、背景树，也可作四旁绿化树种，宜在中低海拔地区造林。

157. 小叶青冈

拉丁学名 *Quercus myrsinifolia* Blume 壳斗科 Fagaceae 栎属 *Quercus*

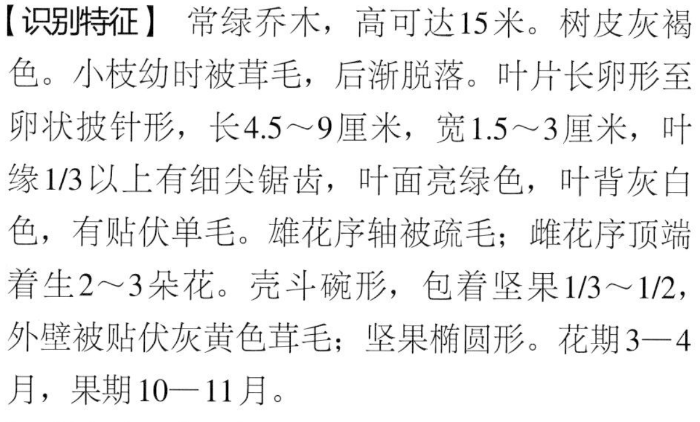

【识别特征】 常绿乔木，高可达15米。树皮灰褐色。小枝幼时被茸毛，后渐脱落。叶片长卵形至卵状披针形，长4.5～9厘米，宽1.5～3厘米，叶缘1/3以上有细尖锯齿，叶面亮绿色，叶背灰白色，有贴伏单毛。雄花序轴被疏毛；雌花序顶端着生2～3朵花。壳斗碗形，包着坚果1/3～1/2，外壁被贴伏灰黄色茸毛；坚果椭圆形。花期3—4月，果期10—11月。

【习性与生境】 喜温暖湿润气候及深厚肥沃的酸性土壤，喜光，也能耐半阴；萌蘖性较强，生长中速。生于山地杂木林中。

【繁殖方式】 播种。

【观赏特性】 春色叶。树干通直，树冠端整，枝叶浓密，新叶呈紫褐色、紫红色、红黄色、红褐色等。

【园林用途】 适作园林景观树及于森林公园栽植，也可作为防火、防风林树种，也是重要的经济、用材树种。

【其他经济价值】 木材坚硬，韧度高，干缩较大，耐腐蚀，可制作家具、地板等；种子含淀粉，可食用；树皮可提制栲胶。

158. 朴树（黄果朴）

拉丁学名 *Celtis sinensis* Pers.　　榆科 Ulmaceae　朴属 *Celtis*

【识别特征】 落叶乔木，高可达20米。树冠椭圆状伞形。树皮灰褐色。单叶互生，近革质，长5～10厘米，宽2.5～5厘米，卵形或卵状椭圆形，叶面深绿、粗糙且有光泽，叶背淡绿，三出脉，上部边缘具锯齿。花杂性，同株，雄花在新枝下部排成聚伞花序；雌花1～3朵聚生于新枝上部叶腋内；花被片4片，黄绿色。核果圆球形，成熟时红色。花期3—4月，果期9—10月。

【习性与生境】 喜光，喜温暖湿润气候，喜肥沃湿润而深厚的中性黏质壤土，抗风力强；有抗烟尘特性，抗大气污染能力强；萌芽力强，耐修剪。多生于路旁、山坡、林缘。

【繁殖方式】 播种、扦插等。

【观赏特性】 秋色叶。树形美观，绿荫浓郁，秋叶变黄色；花细小，色彩清雅；果实球形，熟时呈红色或橙红色，绿叶红果相映成趣，具有优良的观赏价值和遮阴效果。

【园林用途】 宜作园景树、庭荫树，孤植、丛植于草坪、池边、坡地；也可作行道树及树桩盆景材料。

【其他经济价值】 根、皮、嫩叶可药用，有消肿止痛、解毒治热的功效，外敷可治水火烫伤；果实榨油，可作润滑油；木材坚硬，可作工业用材；茎皮纤维强韧，可制作绳索和人造纤维。

159. 山黄麻（麻络木）

拉丁学名 *Trema tomentosa* (Roxb.) Hara　　榆科 Ulmaceae　山黄麻属 *Trema*

【识别特征】 小乔木或灌木，高4～8米。树冠半圆形。树皮灰褐色，平滑或细龟裂。单叶互生，纸质或薄革质，宽卵形或卵状矩圆形，长7～15厘米，宽3～8厘米，边缘有细锯齿，叶面有短梗毛而粗糙，背面密被银灰色丝质柔毛，基部三出脉。聚伞花序稠密，多花，花单性，雌雄异株，淡绿色。核果宽卵珠状，压扁，褐色或紫褐色。花期5—8月，果期9—11月。

【习性与生境】 喜光，较耐阴，喜温暖湿润气候，适应性强；根系较浅，速生，萌芽力强，抗大气污染。生于湿润的河谷和山坡混交林中，或空旷的山坡。

【繁殖方式】 播种、扦插等。

【观赏特性】 秋色叶。树冠美观，枝条伸展，枝繁叶茂，秋叶黄色绚丽，花于早春先叶开放，黄色，密集，漫山遍野，很是壮观。

【园林用途】 可用于庭院绿化，孤植或作风景林的中层树种，可用于角隅、岩石旁点缀，也可作次生林的先锋植物。

【其他经济价值】 木材为建筑、器具、薪炭用材；叶面粗糙，可作砂纸用；茎皮纤维可造纸。

160．榔榆（小叶榆）

拉丁学名 *Ulmus parvifolia* Jacq.　　榆科 Ulmaceae　榆属 *Ulmus*

【识别特征】 半常绿大乔木，高可达25米。树皮灰色或灰褐色，不规则薄鳞片状剥离，内皮红褐色。单叶互生，长椭圆形至卵状椭圆形，长1.8～8厘米，宽0.8～3厘米，叶表深绿色，秃净而亮，叶背色较浅，叶缘具单锯齿，叶秋季呈现红色或黄色。聚伞花序簇生于新枝叶腋；花萼黄色，细小；无花瓣。翅果长椭圆形至卵形。花期8—9月，果期10—11月。

【习性与生境】 喜温暖湿润气候，耐寒力极强，喜光，稍耐阴，喜肥沃、湿润土壤；生长速度中等，寿命长，深根性，耐修剪，萌芽力强；对二氧化硫等有毒气体及烟尘的抗性较强。

【繁殖方式】 播种、扦插等。

【观赏特性】 春秋色叶。树叶细密，树皮斑驳，枝条纤柔下垂，春季新叶鲜红色，集生于枝端，秋季呈现红色或黄色，翌春开放新叶时方脱落；夏秋之交，叶腋簇生黄绿色小花，而翅果圆如小钱，有吉祥之义。

【园林用途】 可作庭院风景树、吉祥树，适于池畔、溪边、亭榭犄角嵌植，或配植于山石之间；或栽作绿篱、庭荫树、行道树等；也是常见盆景植物。

【其他经济价值】 边材淡褐色或黄色，心材灰褐色或黄褐色，材质坚韧，纹理直，耐水湿，可作家具、车辆、船、器具、农具、油榨工具、船橹等用材；树皮纤维纯细，可作蜡纸及人造棉原料，或织麻袋、编绳索。

161．榉树（光叶榉）

拉丁学名 *Zelkova serrata* (Thunb.) Makino　　榆科 Ulmaceae　榉属 *Zelkova*

【识别特征】 落叶大乔木，高可达30米。树冠倒卵状伞形。树皮灰白色或灰褐色，老时薄鳞片状剥落。叶互生，薄纸质至厚纸质，大小形状变异很大，叶背浅绿，幼时被短柔毛，边缘有圆齿状锯齿，具短尖头；叶柄粗短，被短柔毛；托叶膜质，紫褐色，披针形。花小。核果小，斜卵状圆锥形，具宿存的花被。花期3—4月，果期9—11月。

【习性与生境】 喜光，幼树耐阴，喜温暖气候及肥沃湿润土壤；抗烟尘，抗有毒气体，抗病虫害能力较强；深根性，侧根广展，抗风能力强，生长速度中等偏慢。生于河谷、溪边疏林中。

【繁殖方式】 播种。

【观赏特性】 春秋色叶。树形雄伟，树干端直；枝条挺举，枝细叶美，叶色深绿苍翠，绿荫浓郁，遮阴效果好；幼叶紫红色，秋季变为黄色或红色，灿烂夺目。

【园林用途】 可配植于绿地中的路旁、墙边，作孤植、丛植配置或作行道树，也是城乡绿化和营造防风林的优良树种。

【其他经济价值】 木材纹理细，质坚，能耐水，为桥梁、家具用材。

162．波罗蜜（木波罗）

拉丁学名 *Artocarpus heterophyllus* Lam.　　桑科 Moraceae　波罗蜜属 *Artocarpus*

【识别特征】 常绿乔木，高可达20米。树皮厚，黑褐色。小枝具纵皱纹至平滑。叶革质，螺旋状排列，椭圆形或倒卵形，成熟叶全缘，或在幼树和萌发枝上的叶常分裂；托叶抱茎环状，遗痕明显。花雌雄同株，花序生于老茎或短枝上，花多数。聚花果椭圆形至球形，成熟时黄褐色，表面有坚硬六角形瘤状突体和粗毛；核果长椭圆形。花期2—3月。

【习性与生境】 喜热带气候，喜光，喜深厚肥沃土壤，忌积水；生长迅速。

【繁殖方式】 播种。

【观赏特性】 春秋色叶。树干通直，冠大荫浓，树性强健，嫩叶浅红色、黄绿色，零星老叶黄色、黄红色或红褐色，果形奇特。

【园林用途】 可作庭荫树、园景树、行道树等，村边、房前屋后、道路两旁、公园等处常有栽植。

【其他经济价值】 果肉可鲜食或加工成罐头、果脯、果汁，有止渴、通乳、补中益气等功效；种子富含淀粉，可煮食；树液、叶可药用，有消肿、解毒的功效；木质金黄色、材质坚硬，可作家具及建筑用材，也可制作黄色染料。

163．桂木（胭脂木）

拉丁学名 *Artocarpus nitidus* subsp. *lingnanensis* (Merr.) Jarr.　　桑科 Moraceae　波罗蜜属 *Artocarpus*

【识别特征】 常绿乔木，高可达17米。树皮黑褐色，纵裂。叶互生，革质，长圆状椭圆形至倒卵状椭圆形，长7～15厘米，宽3～7厘米，全缘或具不规则浅疏锯齿，表面深绿色，背面淡绿色，嫩叶干时黑色。雄花序头状，倒卵圆形至长圆形；雌花序近头状。聚花果近球形，表面粗糙被毛，成熟时红色，肉质，干时褐色；小核果10～15颗。花期4—5月。

【习性与生境】 喜光，喜高温多湿气候，耐半阴，不耐干旱、不耐寒，对土壤要求不严；对大气污染抗性较强，萌发新叶能力较强。多生于湿润的杂木林中，或散生于村旁溪边。

【繁殖方式】 播种。

【观赏特性】 春色叶。树干通直，树冠宽阔，树形整齐美观，嫩叶暗红色、橙黄色；夏秋满树黄果累累。

【园林用途】 适于水边、路旁、草地、建筑附近孤植、列植、丛植作庭荫树、行道树、庭院风景树。

【其他经济价值】 木材坚硬，可作建筑、家具用材；果可食用、药用，有活血通络、清热开胃、收敛止血的功效。

164. 二色波罗蜜（小叶胭脂）

拉丁学名 *Artocarpus styracifolius* Pierre　　桑科 Moraceae　波罗蜜属 *Artocarpus*

【识别特征】 常绿乔木，高可达20米。叶互生，排为2列，长圆形或倒卵状披针形，有时椭圆形，长4～8厘米，宽2.5～3厘米，先端渐尖为尾状，侧脉4～7对；托叶钻形，脱落。花雌雄同株，花序单生于叶腋，雄花序椭圆形；雌花花被片外面被柔毛，先端2～3裂，长圆形。聚花果球形，直径约4厘米，黄色，干时红褐色，表面着生很多弯曲、圆柱形、长达5毫米的圆形凸起；总梗长18～25毫米，被柔毛；核果球形。花期秋初，果期秋末冬初。

【习性与生境】 喜温暖气候，喜深厚肥沃土壤。生于林中。

【繁殖方式】 播种、扦插等。

【观赏特性】 常色叶。树姿婆娑，叶上面深绿色，背面苍白色，果形奇特。

【园林用途】 可作庭荫树、园景树、行道树等。

【其他经济价值】 木材较软，可作家具用材；果酸甜，可制作果酱；树皮被傣族用来染牙齿。

165. 楮（楮树、小构树）

拉丁学名 *Broussonetia kazinoki* Sieb.　　桑科 Moraceae　构属 *Broussonetia*

【识别特征】 灌木，高2～4米。叶卵形至斜卵形，长3～7厘米，宽3～4.5厘米，先端渐尖至尾尖，基部近圆形或斜圆形，边缘具三角形锯齿，不裂或3裂，表面粗糙，背面近无毛；叶柄长约1厘米；托叶小，线状披针形。花雌雄同株；雄花序球形头状；雌花序球形。聚花果球形，直径8～10毫米；瘦果扁球形，外果皮壳质，表面具瘤体。花期4—5月，果期5—6月。

【习性与生境】 喜温暖湿润气候，耐水湿。生于山坡、林缘、沟边、村边等。

【繁殖方式】 播种、扦插等。

【观赏特性】 秋色叶。秋叶金黄色，醒目。

【园林用途】 在庭院中可修剪成绿篱或绿墙。

【其他经济价值】 韧皮纤维可以造纸。

166. 构（构树）

拉丁学名 *Broussonetia papyrifera* (L.) L'Hér. ex Vent.　　桑科 Moraceae　构属 *Broussonetia*

【识别特征】 落叶乔木，高可达20米。小枝有茸毛。单叶互生，纸质或膜质，宽卵形或近心形，长7～20厘米，宽6～10厘米，边缘有粗齿，不分裂或3～5个深裂，腹面粗糙，叶背被毛。花雌雄异株；雄花序为柔荑花序；雌花序为头状花序。聚果球形，橙红色，由多个小核果组成，肉质。花期4—5月，果期6—7月。

【习性与生境】 喜温暖、湿润气候，幼树稍耐阴，成年树耐干旱，耐瘠薄，不耐阴，对土壤要求不严，适应性强；生长快，对二氧化硫、氟化氢、氯气有较强抗性。

【繁殖方式】 播种、扦插。

【观赏特性】 秋色叶。树姿朴拙，叶形多变，秋叶变黄色；果实微甜，可为鸟类提供栖息地。

【园林用途】 可孤植、丛植或片植作庭荫树、园景树、行道树，或作为荒滩、偏僻地带的防护林树种及污染严重的工厂的绿化树种。

【其他经济价值】 叶可作饲料；乳液、根皮、树皮、叶、果实及种子可药用，有补肾、利尿、强筋骨等功效。

167. 斑叶高山榕（花叶富贵榕）

拉丁学名 *Ficus altissima* 'Variegata'　　桑科 Moraceae　榕属 *Ficus*

【识别特征】 常绿乔木，高可达30米。树皮灰色。幼枝绿色，被微柔毛。叶革质，宽卵形或宽卵状椭圆形，长10～19厘米，全缘。榕果成对腋生，椭圆状卵圆形，直径1.7～2.8厘米，幼时包于早落风帽状苞片内，熟时红色或带黄色，顶部脐状，基生苞片短宽，脱落后环状；瘦果具小瘤。花期3—4月，果期5—7月。

【习性与生境】 喜高温多湿气候，耐干旱瘠薄，抗风；抗大气污染；生长迅速，移栽容易成活。

【繁殖方式】 扦插、压条等。

【观赏特性】 常色叶。树形优美，枝叶繁茂，叶厚而大，色彩斑驳、鲜亮。

【园林用途】 可孤植、丛植于草坪、园路旁，作园景树、庭院树、行道树。

168. 大果榕（馒头果）

拉丁学名 *Ficus auriculata* Lour.　　桑科 Moraceae　榕属 *Ficus*

【识别特征】 乔木，高4～10米。叶互生，厚纸质，广卵状心形，长15～55厘米，宽15～27厘米；叶柄长5～8厘米，粗壮；托叶三角状卵形，长1.5～2厘米，紫红色，外面被短柔毛。榕果簇生于树干基部或老茎短枝上，梨形或扁球形至陀螺形，直径3～6厘米，具明显的纵棱8～12条，幼时被白色短柔毛，成熟后脱落，红褐色；瘦果有黏液。花期8月至翌年3月，果期5—8月。

【习性与生境】 喜温暖湿润环境，喜肥沃土壤。生于林中。

【繁殖方式】 扦插。

【观赏特性】 春色叶。树冠广展，叶大而厚，生长快，嫩叶浅红色或红褐色。

【园林用途】 适作行道树、庭院树。

169. 亚里垂榕（柳叶榕）

拉丁学名 *Ficus binnendijkii* 'Alii'　　桑科 Moraceae　榕属 *Ficus*

【识别特征】 常绿乔木。叶互生，厚革质，长椭圆形至线状披针形，长4～12厘米，宽1.5～4.2厘米，幼树之叶长达18厘米，先端渐尖，幼树之叶尾状尖，全缘，背面主脉凸出。榕果陀螺状球形，直径4～10毫米，无总梗。

【习性与生境】 喜光，耐半阴。

【繁殖方式】 压条、扦插、播种等。

【观赏特性】 春色叶。枝叶浓密，嫩叶浅红色，遮阴效果极佳。

【园林用途】 幼树可曲茎、提根靠接，做多种造型盆栽；宜作行道树、园景树。

【其他经济价值】 根、茎及全株均可药用，有祛痰止咳、行气活血、祛风除湿的功效。

170. 黄金垂榕（金叶垂榕）

拉丁学名*Ficus benjamina* 'Golden Leaves' 桑科Moraceae 榕属*Ficus*

【识别特征】 常绿小乔木，株高2～5米。叶互生，薄革质，长卵形或椭圆状卵形，长4～8厘米，宽2～4厘米，先端尾尖渐尖，全缘。榕果成对或单生于叶腋，基部缢缩成柄，球形或扁球形，光滑，成熟时红色至黄色，直径8～15厘米；瘦果卵状肾形。花期8—11月。

【习性与生境】 喜温暖、阳光充足的环境，抗性强。

【繁殖方式】 扦插。

【观赏特性】 常色叶。耐修剪，新叶及阳光充足环境下的老叶金黄色。

【园林用途】 常作园景树，也可修剪成各种造型，或作绿篱。

171. 花叶垂榕（斑叶垂榕）

拉丁学名 *Ficus benjamina* 'Variegata'　　桑科 Moraceae　榕属 *Ficus*

【识别特征】 常绿小乔木，株高2～5米。全株具乳汁。分枝较多，枝干容易生气根，有下垂的枝条。叶互生，密集，阔椭圆形，长4～8厘米，宽2～4厘米，革质，光亮，全缘，淡绿色，叶脉及叶缘具不规则的白色或黄色斑块；侧脉细密，次生侧脉与初生侧脉平行展出，在两面明显凸起。瘦果卵状肾形，短于花柱。花期8—11月。

【习性与生境】 喜温暖湿润、阳光充足的环境，不耐寒。

【繁殖方式】 扦插、压条等。

【观赏特性】 常色叶。树形整齐，树冠饱满，叶色绿白斑驳，鲜明醒目。

【园林用途】 可作盆栽欣赏，或在草坪及花坛孤植。可作彩叶篱绿墙，也常修剪成各种造型。

172. 黑叶橡胶榕（黑叶缅树、黑金刚）

拉丁学名 *Ficus elastica* 'Decora Burgundy'　　桑科 Moraceae　榕属 *Ficus*

【识别特征】 常绿乔木，高可达30米。树皮灰白色，平滑。叶厚革质，长圆形至椭圆形，长8～30厘米，宽7～10厘米，全缘，侧脉多，平行展出；托叶膜质，深红色，脱落后有明显环状疤痕。榕果成对生于已落叶枝的叶腋，卵状长椭圆形，黄绿色，基生苞片风帽状，脱落后基部有一环状痕迹；雄花、瘿花、雌花同生于榕果内壁；瘦果卵圆形，表面有小瘤体。花期冬季。

【习性与生境】 喜温暖湿润环境，对光线的适应性较强，喜肥沃湿润的酸性土，较耐水湿，忌干旱。

【繁殖方式】 扦插。

【观赏特性】 常色叶。冠大荫浓，叶大而厚，芽（托叶）红色，嫩叶紫红色或红色，老叶紫黑色。

【园林用途】 常孤植、丛植或列植，作庭荫树、园景树、行道树，或栽于温室，也可作盆栽观赏。

【其他经济价值】 胶乳属硬橡胶类，是制造橡胶产品的重要原料。

173. 花叶印度榕（斑叶橡胶树）

拉丁学名 *Ficus elastica* 'Variegata'　　桑科 Moraceae　榕属 *Ficus*

【识别特征】 常绿乔木。全株有乳汁。树皮光滑，灰褐色。小枝绿色，少分枝。单叶，互生，椭圆形，长10～30厘米，厚革质，先端钝或短尾尖，基部圆，全缘，叶面深绿色，具灰绿色或黄白色的斑纹和斑点，背面淡绿色；托叶红褐色，包顶芽外，新叶展开时脱落。

【习性与生境】 喜温暖湿润环境，适宜生长温度为20～25℃，喜光，耐干燥，喜疏松、肥沃和排水良好的微酸性土壤。

【繁殖方式】 扦插。

【观赏特性】 常色叶。叶片宽大有光泽，具美丽的色斑，树形丰茂而端庄。

【园林用途】 常孤植于草坪、庭院供观赏，亦可列植于道路、水边。小苗多作观叶盆栽。

174. 水同木（水同榕）

拉丁学名 *Ficus fistulosa* Reinw. ex Bl.　　桑科 Moraceae　榕属 *Ficus*

【识别特征】 常绿小乔木。全株有乳汁。单叶互生，纸质，倒卵形至长圆形，长10～20厘米，宽4～7厘米，全缘或微波状，表面无毛，背面微被柔毛或黄色小突体，侧脉6～9对；叶柄长1.5～4厘米；托叶卵状披针形，长约1.7厘米。榕果簇生于老干发出的瘤状枝上，近球形，直径1.5～2厘米，光滑，成熟时橘红色，不开裂，总梗长8～24毫米；雄花和瘿花生于同一榕果内壁；瘦果近斜方形，表面有小瘤体；花柱长，棒状。花期5—7月。

【习性与生境】 喜温暖湿润环境。生于溪边岩石上或林中。

【繁殖方式】 扦插。

【观赏特性】 春色叶。嫩叶浅红色或红褐色。

【园林用途】 宜作园景树，或配植于假山或潮湿处作行道树。

175. 黄金榕（黄榕）

拉丁学名 *Ficus microcarpa* 'Golden Leaves'　　**桑科** Moraceae　**榕属** *Ficus*

【识别特征】 常绿小乔木。树冠广阔，树干多分枝。单叶互生，椭圆形或倒卵形，叶表光滑，叶缘整齐，叶有光泽，全缘。隐头花序球形，其中雄花及雌花聚生。果实球形，熟时红色。

【习性与生境】 喜温暖湿润气候，较耐寒，喜光，但应避免强光直射，适应性强，长势旺盛，容易造型，病虫害少，一般土壤均可栽培。

【繁殖方式】 播种、扦插、压条等。

【观赏特性】 常色叶。枝叶茂密，树冠扩展，嫩叶金黄色，老叶或阳光不足的地方为深绿色。

【园林用途】 可作行道树、庭荫树，可成为草坪绿化主景，也可种植于高速公路分车带绿地；耐修剪，可以塑成各种造型；幼树可曲茎、提根靠接，做多种造型，制成艺术盆景。

176. 薜荔（凉粉果）

拉丁学名 *Ficus pumila* L. 桑科 Moraceae 榕属 *Ficus*

【识别特征】 攀援或匍匐灌木。叶两型，不结果枝节上生不定根，叶卵状心形，叶柄很短；革质，卵状椭圆形，全缘，背面被黄褐色柔毛，基生叶脉延长，网脉3～4对，在表面下陷，背面凸起，网脉甚明显，呈蜂窝状；托叶2枚，披针形，被黄褐色丝状毛。榕果单生于叶腋；总梗粗短；瘿花果梨形；雌花果近球形，顶部截平；瘦果近球形，有黏液。花果期5—8月。

【习性与生境】 喜温暖湿润气候，喜阴，耐贫瘠，抗干旱，适应性强。多攀附在村庄前后、山脚、山谷，以及沿河、沙洲、公路两侧的古树、大树上和断墙残壁、古石桥、庭院围墙等。

【繁殖方式】 播种、扦插、压条等。

【观赏特性】 春色叶。嫩叶粉红色、浅红色、黄绿色等；榕果幼时被黄色短柔毛，成熟时黄绿色或微红色，可观赏。

【园林用途】 可用于垂直绿化，植于山石、护堤等。

【其他经济价值】 瘦果水洗可制作凉粉；藤叶可药用。

177. 菩提树（菩提榕）

拉丁学名 *Ficus religiosa* L.　　桑科 Moraceae　榕属 *Ficus*

【识别特征】 落叶乔木，高可达25米。树皮灰色，平滑或微具纵纹，冠幅广展。叶革质，三角状卵形，长9～17厘米，宽8～12厘米，表面深绿色，光亮，背面绿色，先端骤尖，顶部延伸为尾状，尾尖长2～5厘米，基部宽截形至浅心形，全缘或为波状，基生叶脉三出，侧脉5～7对。榕果球形至扁球形，成熟时红色。花期3—4月，果期5—6月。

【习性与生境】 喜光，喜高温，对土壤要求不严，但以肥沃、疏松的微酸性沙壤土为宜；抗污染能力强。

【繁殖方式】 播种、扦插等。

【观赏特性】 春色叶。分枝扩展，树形高大，枝繁叶茂，冠幅广展，新叶叶色丰富，鲜红色、紫红色、红褐色、浅红色、粉红色、橙黄色等，是优良的观赏树种。

【园林用途】 适作寺院、庭院、道路绿化树种，亦可作污染区的绿化树种。

【其他经济价值】 乳状液汁，可提取橡胶；枝叶可作饲料；散孔材，纹理交错，结构中等，重量轻，容易胶粘，适用于制作砧板、包装箱板和纤维板；枝叶也是治疗哮喘、糖尿病、腹泻、癫痫、胃部不适等疾病的传统中药材。

178. 笔管榕（雀榕）

拉丁学名 *Ficus subpisocarpa* Gagnepain　　桑科 Moraceae　榕属 *Ficus*

【识别特征】落叶乔木，有时有气根。树皮黑褐色。小枝淡红色。叶互生或簇生，近纸质，椭圆形至长圆形，长10～15厘米，宽4～6厘米，边缘全缘或微波状；托叶膜质，微被柔毛，披针形。榕果单生或成对或簇生于叶腋或无叶枝上，扁球形，成熟时紫黑色，顶部微下陷；雄花、瘿花、雌花生于同一榕果内。花期4—6月。

【习性与生境】喜温暖湿润气候，稍喜光，也能耐阴，稍耐盐，较耐旱，耐贫瘠，对土壤要求不严；萌蘖性强，耐修剪。生于平原或村庄。

【繁殖方式】扦插。

【观赏特性】春色叶。树冠宽大，叶大荫浓，新叶常呈血红色、紫褐色、深紫色、红褐色等，并具光泽。

【园林用途】可作园景树、庭荫树或行道树，也可作盆栽观赏。

【其他经济价值】木材纹理细致、美观，可供雕刻。

179. 杂色榕（青果榕）

拉丁学名 *Ficus variegata* Bl.　　桑科 Moraceae　榕属 *Ficus*

【识别特征】乔木，常绿中乔木，高可达15米。树干笔直，树皮灰色。幼枝绿色，微被柔毛。树冠伞状圆形。叶互生，全缘，厚纸质，广卵形至卵状椭圆形，长10～17厘米，基生叶脉5条；托叶卵状披针形。隐头花序。榕果簇生于老茎发出的瘤状短枝上，球形，基部收缩成短柄，熟时绿色至黄色。花期冬季。

【习性与生境】喜光，喜温暖湿润气候，喜疏松肥沃、排水良好的中性至酸性土壤，耐干旱，耐贫瘠。生于林中。

【繁殖方式】播种、扦插等。

【观赏特性】春色叶。树姿挺拔俊秀，大方壮观，树干通直，灰白色，光滑，叶茂密翠绿，新叶红褐色，榕果密集而秀气，熟时红色，亮丽动人。

【园林用途】可孤植、列植作庭院观赏树或行道树，也可作为招鸟树种。

180. 黄葛树（大叶榕、绿黄葛树）

拉丁学名 *Ficus virens* Ait.　　桑科 Moraceae　榕属 *Ficus*

【识别特征】 落叶或半落叶乔木。有板根或支柱根。叶薄革质或皮纸质，卵状披针形至椭圆状卵形，长10～15厘米，宽4～7厘米，先端短渐尖，基部钝圆或楔形至浅心形，全缘，干后表面无光泽，基生叶脉短，侧脉7～10对。榕果单生或成对腋生或簇生于已落叶枝叶腋，球形，成熟时紫红色；雄花、瘿花、雌花生于同一榕果内；瘦果表面有皱纹。花期5—8月。

【习性与生境】 强阳性树种，喜温热湿润气候，耐潮湿又耐旱，耐瘠薄，耐寒，不耐阴，对土壤要求不严，抗风、抗逆性好，适应性强，萌发力强；根系发达，易移植，生长快。

【繁殖方式】 扦插。

【观赏特性】 春秋色叶。树冠宽阔，树姿优雅壮观，枝叶茂密碧绿，嫩叶红色、橙黄色、黄绿色等，绿荫如盖，寿命长；换叶期较长，从秋季到

早春都有换叶，集中落叶期会有满树黄叶的景观。

【园林用途】 宜孤植、列植，作庭荫树、园景树、行道树或抗污染树种、防护林树种。

【其他经济价值】 根、叶可药用，根能祛风除湿、清热解毒，叶能消肿止痛，外用治跌打肿痛。

181. 铁冬青（救必应）

拉丁学名 *Ilex rotunda* Thunb.　　冬青科 Aquifoliaceae　冬青属 *Ilex*

【识别特征】 常绿乔木，高可达20米。树皮灰色至灰黑色。小枝圆柱形，叶痕倒卵形或三角形。叶片薄革质或纸质，卵形、倒卵形或椭圆形，长4～9厘米，宽1.8～4厘米，全缘，叶面绿色，背面淡绿色，主脉在叶面凹陷，背面隆起。聚伞花序或伞形状花序，单生于当年生枝的叶腋内，花白色。果近球形，成熟时红色。花期4月，果期8—12月。

【习性与生境】 喜光，喜温暖湿润气候，耐半阴，耐瘠薄，耐霜冻，抗风，适应性强；抗大气污染。生于山坡常绿阔叶林中和林缘。

【繁殖方式】 播种。

【观赏特性】 春秋色叶。树姿幽雅，嫩叶浅红色、黄红色或橙红色，秋叶渐变黄色，花洁白而芳香，秋后红果累累，十分可爱，观果期很长。

【园林用途】 可孤植、丛植，作庭院树、行道树，或混植于其他树群，也可在郊区山地、水库周围营造大面积的观果观叶风景林。

【其他经济价值】 叶、树皮可药用，有清热解毒的功效；枝叶可作造纸糊料原料；树皮可提制染料和栲胶；木材可作细工用材。

182. 枳椇（拐枣）

拉丁学名 *Hovenia acerba* Lindl.　　鼠李科 Rhamnaceae　枳椇属 *Hovenia*

【识别特征】落叶乔木，高可达25米。小枝褐色或黑紫色，有明显的白色皮孔。叶互生，厚纸质至纸质，宽卵形、椭圆状卵形或心形，长8～17厘米，宽6～12厘米，边缘具细锯齿。二歧式聚伞圆锥花序，顶生和腋生；花两性；萼片具网状脉或纵条纹；花瓣椭圆状匙形，具短爪。浆果状核果近球形，成熟时黄褐色或棕褐色。种子暗褐色或黑紫色。花期5—7月，果期8—10月。

【习性与生境】阳性树种，喜温暖湿润气候，喜光，抗旱，耐寒，耐瘠薄，对土壤要求不严，抗风能力强。生于开旷地、山坡林缘或疏林中。

【繁殖方式】播种。

【观赏特性】秋色叶。树干通直，树冠广阔，枝繁叶茂，姿态秀丽，绿荫如盖，秋叶变黄色，果序轴可食用。

【园林用途】可孤植、列植、片植作庭荫树、园景树、行道树、风景林和防护林树种，也是退耕还林、岗丘瘠薄地资源开发和现代绿化的极好树种。

【其他经济价值】木材细致坚硬，为建筑和细木工用具的良好用材；果序轴肥厚、含丰富的糖，可生食、酿酒、熬糖；种子为清凉、利尿药，能解酒毒。

183. 马甲子

拉丁学名 *Paliurus ramosissimus* (Lour.) Poir.　　鼠李科 Rhamnaceae　马甲子属 *Paliurus*

【识别特征】灌木，高可达6米。小枝褐色或深褐色，常被短柔毛。叶互生，纸质，宽卵形、卵状椭圆形或近圆形，长3～7厘米，宽2.2～5厘米，顶端钝或圆形，基部宽楔形、楔形或近圆形，稍偏斜，边缘具钝细锯齿或细锯齿，稀上部近全缘，基生三出脉。聚伞花序。核果杯状，被黄褐色或棕褐色茸毛，周围具木栓质3浅裂的窄翅，直径1～1.7厘米，长7～8毫米。花期5—8月，果期9—10月。

【习性与生境】阳性树种，喜光，喜温暖气候，耐水湿，对有害气体有较强抗性。

【繁殖方式】播种。

【观赏特性】秋色叶。果形特别，秋叶变黄色，为优良观赏树种。

【园林用途】可作园景树或树篱。

【其他经济价值】树皮含单宁。

184. 雀梅藤

拉丁学名 *Sagaretia thea* (Osbeck) Johnst.　　鼠李科 Rhamnaceae　雀梅藤属 *Sageretia*

【识别特征】 藤状或直立灌木。小枝具刺，被柔毛。叶纸质，近对生或互生，椭圆形、矩圆形或卵状椭圆形，长1～4.5厘米，宽0.7～2.5厘米，边缘具细锯齿。花无梗，黄色，有芳香，通常2至数朵簇生排成顶生或腋生疏散穗状或圆锥状穗状花序；花瓣匙形，顶端2浅裂，常内卷，短于萼片。核果近圆球形，成熟时黑色或紫黑色。种子扁平，两端微凹。花期7—11月，果期翌年3—5月。

【习性与生境】 喜温暖湿润环境，在半阴半湿的地方生长为宜，适应性好，对土壤要求不严。常生于丘陵、山地林下或灌丛中。

【繁殖方式】 扦插、分株等。

【观赏特性】 春秋色叶。嫩叶黄色，秋叶变红色、黄色，茎枝节间长，梢蔓斜出横展，叶秀花繁；晚秋时节，淡黄色小花发出幽幽的清香。

【园林用途】 可配植于山石坡岩、陡坎峭壁，以及假山、石矶的隐蔽面；是制作树桩盆景的好材料；也常栽培作绿篱。

【其他经济价值】 叶可代茶，也可药用，治疮疡肿毒；根可治咳嗽，降气化痰；果味酸，可食用。

185. 广东蛇葡萄（田浦茶）

拉丁学名 *Ampelopsis cantoniensis* (Hook. et Arn.) Planch.　　葡萄科 Vitaceae　蛇葡萄属 *Ampelopsis*

【识别特征】 木质藤本。小枝圆柱形，有纵棱纹。卷须2叉分枝。叶为二回羽状复叶或小枝上部着生有一回羽状复叶，二回羽状复叶者基部一对小叶常为3小叶，侧生小叶和顶生小叶形状各异，卵形、卵椭圆形或长椭圆形。花序为伞房状多歧聚伞花序，顶生或与叶对生。果实近球形，有种子2～4颗。花期4—7月，果期8—11月。

【习性与生境】 喜温暖湿润气候和阳光充足的环境，喜光，喜深厚肥沃、富含腐殖质的酸性土壤，适应性强，生长快速。常生于山谷林中或山坡灌丛。

【繁殖方式】 播种、扦插、压条等。

【观赏特性】 春秋色叶。枝叶繁茂，富有光泽，春叶紫红色、黄绿色、鲜红色、暗红色或棕红色，秋叶鲜红色或紫红色，秋季果熟时，串串蓝紫色果悬挂枝间，别具风趣。

【园林用途】 可培植于亭廊、藤架、角隅、墙垣、林缘、池畔或石旁等处，亦可种植于林下作耐阴地被。

【其他经济价值】 民间常用药材，其茎叶常作为“藤茶”的主要品种饮用，具有清热凉血、消炎解毒等多种功效；果实可酿酒。

186. 异叶地锦（上树蛇）

拉丁学名 *Parthenocissus dalzielii* Gagnep.　　**葡萄科** Vitaceae　**地锦属** *Parthenocissus*

【识别特征】 木质藤本。卷须总状5～8分枝。两型叶，着生在短枝上常为3小叶，较小的单叶常着生在长枝上，叶为单叶者叶片卵圆形，长3～7厘米，宽2～5厘米，边缘有4～5个细齿。花序假顶生于短枝顶端，基部有分枝，形成多歧聚伞花序；萼碟形；花瓣4片，倒卵椭圆形。果实近球形，成熟时紫黑色。种子1～4颗，倒卵形。花期5—7月，果期7—11月。

【习性与生境】 喜阴湿，攀援能力强，适应性强，抗污染，对土壤要求不严；萌蘖性强，生长速度快。常生于山崖陡壁、山坡、山谷林中或灌丛岩石缝中。

【繁殖方式】 扦插。

【观赏特性】 春秋色叶。春叶鲜红色、紫红色、棕红色或暗红色，入秋叶变红色、暗红色或橙黄色，十分艳丽。

【园林用途】 宜攀援墙壁、山石、棚架等处，亦可作边坡地被植物。

187. 楝叶吴萸

拉丁学名 *Tetradium glabrifolium* (Champion ex Bentham) T. G. Hartle **芸香科** Rutaceae **吴茱萸属** *Tetradium*

【识别特征】 落叶乔木，高可达20米。树冠伞形，树干通直，树皮暗灰色。奇数羽状复叶对生，小叶5～11片，具柄，纸质，卵形至长圆形，长5～12厘米，宽2～5厘米，先端长渐尖，基部偏斜，叶缘波纹状或有细钝齿，下面灰白色或粉绿色。花极小，通常单性，雌雄异株；聚伞状圆锥花序顶生，雄花序较雌花序大；花白色。果紫红色。花期7—9月，果期10—12月。

【习性与生境】 喜光，速生，抗风，喜温热湿润气候，在湿润肥沃土壤中生长旺盛。生于溪涧旁、村边、路旁。

【繁殖方式】 播种。

【观赏特性】 秋色叶。树干通直，冠大荫浓，花繁果红，秋叶红色、橙红色、黄色等。

【园林用途】 可丛植、片植作庭荫树，亦是风景林和防护林的优良树种。

【其他经济价值】 心材大，黄棕色，鲜艳美观，纹理直，较耐腐，为天花板、楼板、门窗、枪托、车、船内装饰及文具等用材；根、果可药用，有健胃、祛风、镇痛、消肿等功效。

188. 臭椿（黑皮樗）

拉丁学名 *Ailanthus altissima* (Mill.) Swingle　苦木科 Simaroubaceae　臭椿属 *Ailanthus*

【识别特征】 落叶乔木，高可达20米。树皮平滑而有直纹。叶为奇数羽状复叶，长40～60厘米，叶柄长7～13厘米，有小叶13～27片；小叶对生或近对生，纸质，卵状披针形，两侧各具粗锯齿，齿背有腺体1个，叶面深绿色，背面灰绿色，揉碎后具臭味。圆锥花序长10～30厘米；花淡绿色；花瓣5片。翅果长椭圆形。种子位于翅的中间，扁圆形。花期4—5月，果期8—10月。

【习性与生境】 喜温暖湿润气候，喜光，耐寒，适应性强，耐旱、耐盐碱贫瘠，对土壤要求不严。

【繁殖方式】 播种、分株等。

【观赏特性】 春色叶。树形高大，树冠圆整，春季新叶红色、深紫色或橙红色，夏秋季红果满树，为优良观赏树种。

【园林用途】 可作园林风景树、庭荫树和行道树，也可作石灰岩地区的造林树种。

【其他经济价值】 木材黄白色，可制作农具、车辆等；树皮、根皮、果实均可药用，有清热利湿、收敛止痢等功效；种子含油脂。

189. 麻楝

拉丁学名 *Chukrasia tabularis* A. Juss. **楝科** Meliaceae **麻楝属** *Chukrasia*

【识别特征】 半常绿乔木，高可达25米。叶通常为偶数羽状复叶，长30～50厘米，小叶10～16片；小叶互生，纸质，卵形至长圆状披针形，长7～12厘米，宽3～5厘米。圆锥花序顶生，疏散，具短的总花梗；花有香味；花梗短，具节；花瓣黄色或略带紫色，长圆形。蒴果灰黄色或褐色，近球形或椭圆形。种子扁平，椭圆形，有膜质的翅。花期4—5月，果期7月至翌年1月。

【习性与生境】 阳性树种，喜光，幼树耐阴，抗寒性较强，喜生长在土层深厚、肥沃、湿润、疏松的立地条件下。生于山地杂木林或疏林中。

【繁殖方式】 播种。

【观赏特性】 春秋色叶。树形优美，枝叶繁茂，新叶鲜红色、紫红色、暗红色、橙黄色等，秋叶黄色。

【园林用途】 宜孤植、列植或片植，作庭荫树、行道树、风景林和防护林树种。

【其他经济价值】 木材结构细致，材质略硬而稍重，心材耐腐，干燥后略有开裂，材色美观，是制作上等家具及造船、房屋建筑的优质用材。

190. 非洲楝

拉丁学名 *Khaya senegalensis* (Desr.) A. Juss.　　楝科 Meliaceae　非洲楝属 *khaya*

【识别特征】 常绿乔木，高可达20米。小叶3～8对，长圆形、长圆状椭圆形或卵形，长7～17厘米，宽3～6厘米，先端短尖，基部楔形或稍圆，侧脉9～14对，全缘；小叶柄长0.5～1厘米。萼片4片；花瓣4片；雄蕊花丝筒坛状。蒴果球形，自顶端室轴开裂。花期5—6月，果期7—10月。

【习性与生境】 喜温暖气候，对土壤要求不严，但在湿润、深厚、肥沃和排水良好的土壤中生长良好。

【繁殖方式】 播种。

【观赏特性】 春秋色叶。枝叶繁茂，树形美观，春叶紫红色、橙红色，部分老叶变黄色。

【园林用途】 可孤植、列植，作庭荫树、行道树。

【其他经济价值】 木材为建筑、家具等用材。

191．楝（苦楝）

拉丁学名*Melia azedarach* L.　楝科Meliaceae　楝属*Melia*

【识别特征】落叶乔木，高可达20米。树皮灰褐色，纵裂。叶为二至三回奇数羽状复叶，长20～40厘米；小叶对生，卵形或椭圆形至披针形，顶生1片通常略大，长3～7厘米，宽2～3厘米，边缘有钝锯齿，幼时被星状毛。圆锥花序；花芳香；花瓣淡紫色，倒卵状匙形。核果球形至椭圆形，内果皮木质，4～5室，每室有种子1颗。种子椭圆形。花期4—5月，果期10—12月。

【习性与生境】喜温暖湿润气候，喜光，不耐阴，对土壤要求不严，速生性；抗大气污染，具有吸附阻滞粉尘和杀灭细菌的功能。常生于低海拔旷野、路旁或疏林中区。

【繁殖方式】播种。

【观赏特性】秋色叶。树干挺拔，树冠蓬大、姿态飘逸；春季开花时满树紫色，芳香四溢，入秋后叶变黄色，十分美丽。

【园林用途】可作庭院树及四旁绿化树种；宜孤植、列植，是优良的庭院绿荫树、行道树，也是良好的城市及矿区绿化树种。

【其他经济价值】木材淡红褐色，纹理细腻美丽，是制造高级家具、木雕、乐器等的优良用材；树皮、叶中含单宁，可提取制烤胶；树皮纤维可制人造棉及造纸；花可提取芳香油；果核、种子可榨油，也可炼制油漆；花、叶、种子和根皮均可药用，有疏肝理气、止痛、驱虫、疗癣的功效。

192. 红椿（红楝子）

拉丁学名 *Toona ciliata* Roem.　　楝科 Meliaceae　香椿属 *Toona*

【识别特征】 落叶乔木，高可达20米。一回偶数或奇数羽状复叶，长25～40厘米，通常有小叶7～8对；小叶对生或近对生，纸质，长圆状卵形或披针形，长8～15厘米，宽2.5～6厘米，不等边，边全缘。圆锥花序顶生；花瓣5片，白色，长圆形，边缘具睫毛。蒴果长椭圆形，木质，干后紫褐色，有苍白色皮孔。种子两端具翅，翅扁平，膜质。花期4—6月，果期10—12月。

【习性与生境】 阳性树种，不耐阴，幼苗或幼树可稍耐阴，在土层深厚、肥沃、湿润、排水良好的红壤和砖红壤的疏林中生长较快。多生于低海拔沟谷林中或山坡疏林中。

【繁殖方式】 播种。

【观赏特性】 春色叶。树体高大，树干通直，树冠开展，嫩叶浅红色或橙黄色，树姿优美，是优良的园林绿化树种。

【园林用途】 宜孤植、列植作庭荫树、行道树和四旁绿化树种，也适合于广场、公园孤植或丛植作观赏树种。

【其他经济价值】 木材纹理通直，结构细致，花纹美观，质地坚韧，防虫耐腐，变形小，加工容易，是建筑、家具、船车、胶合板、室内装饰的优良用材。

193．香椿

拉丁学名 *Toona sinensis* (A. Juss.) Roem.　　楝科 Meliaceae　香椿属 *Toona*

【识别特征】 落叶乔木。树皮深褐色，片状脱落。叶具长柄，偶数羽状复叶，长30～50厘米或更长；小叶16～20对，对生或互生，纸质，卵状披针形或卵状长椭圆形，长9～15厘米，宽2.5～4厘米，边全缘或有疏齿。圆锥花序，多花；花萼5齿裂或浅波状；花瓣5片，白色，长圆形。蒴果狭椭圆形，深褐色。种子上端有膜质的长翅。花期6—8月，果期10—12月。

【习性与生境】 喜光，喜肥沃土壤，较耐水湿，有一定的耐寒能力；深根性，萌蘖性强，生长速度中等偏快。适宜生长于河边、宅院周围肥沃湿润的土壤。

【繁殖方式】 播种、分株等。

【观赏特性】 春秋色叶。树干通直，冠大荫浓；春季嫩叶紫红色，夏季深绿色，秋季橙黄色。

【园林用途】 优良用材及四旁绿化树种，也可作庭荫树和行道树，常配植于疏林，作上层骨干树种。

【其他经济价值】 木材黄褐色而具红色环带，纹理美丽，质坚硬，有光泽，耐腐能力强，不易变形，易加工，为家具、室内装饰品及船的优良用材；树皮可造纸；果和皮可药用，还可作为蔬菜栽植，价值很高。

194. 龙眼（桂圆）

拉丁学名 *Dimocarpus longan* Lour.　　无患子科 Sapindaceae　龙眼属 *Dimocarpus*

【识别特征】 常绿乔木。小枝散生苍白色皮孔。小叶4～5对，薄革质，长圆状椭圆形至长圆状披针形，两侧常不对称，长6～15厘米，宽2.5～5厘米，背面粉绿色。花序大型，多分枝，顶生和近枝顶腋生；花瓣乳白色，披针形。果近球形，黄褐色或灰黄色，外面稍粗糙，或少有微凸的小瘤体。种子茶褐色，光亮，全部被肉质的假种皮包裹。花期春夏间，果期夏季。

【习性与生境】 喜高温高湿气候，耐旱、耐酸、耐瘠、忌浸，在红壤丘陵地、旱平地生长良好，寿命长。

【繁殖方式】 嫁接、高压、播种等。

【观赏特性】 春色叶。枝叶繁茂，新叶鲜红色、浅红色、暗红色等。

【园林用途】 可作园景树、庭院树，可观叶、观果。

【其他经济价值】 常见水果，或做果品，或药用，有补益心脾、养血安神的功效；木材坚实，甚重，暗红褐色，耐水湿，是船、家具、细工等的优良用材。

195. 复羽叶栾

拉丁学名 *Koelreuteria bipinnata* Franch.　　无患子科 Sapindaceae　栾树属 *Koelreuteria*

【识别特征】落叶乔木，高可达20米。二回羽状复叶互生，长45～70厘米；叶轴和叶柄向轴面常有一纵行皱曲的短柔毛；小叶9～17片，互生，纸质或近革质，斜卵形，长3.5～7厘米，宽2～3.5厘米，边缘有小锯齿。顶生圆锥花序大型；花黄色；花瓣4片，长圆状披针形。蒴果椭圆形或近球形，具3棱，淡紫红色，老熟时褐色，经久不落。花期7—9月，果期8—10月。

【习性与生境】喜光，喜温暖湿润气候，深根性，适应性强，但以深厚、肥沃、湿润的土壤为宜，耐干旱，抗风，速生；抗大气污染，有较强的抗烟尘能力。

【繁殖方式】播种。

【观赏特性】春秋色叶。树冠圆球形，树形端正，枝叶茂密而秀丽；春季嫩叶紫红色，夏季黄花满树，秋季叶色金黄色，果实紫红色似灯笼，十分美丽。

【园林用途】叶、花、果均具较高的观赏价值，宜孤植、列植、片植作庭荫树、行道树、风景树；也可作防护林及荒山绿化的树种。由于对二氧化硫及烟尘污染有较强的抗性，亦适于作工厂、矿区的绿化美化树种。

【其他经济价值】根可药用，有消肿、止痛、活血、驱蛔等功效；花可清肝明目、清热止咳，亦可制黄色染料；木材较脆，易加工，可作板料、器具等用材；叶含大量的单宁，可提制栲胶；种子榨油，可制肥皂及润滑油等。

196. 荔枝

拉丁学名 *Litchi chinensis* Sonn.　　无患子科 Sapindaceae　荔枝属 *Litchi*

【识别特征】 常绿乔木，高可达15米。树皮灰黑色。小枝密生白色皮孔。小叶2或3对，薄革质或革质，披针形或卵状披针形，长6～15厘米，宽2～4厘米，全缘，腹面深绿色，有光泽，背面粉绿色，侧脉纤细。花序顶生，阔大，多分枝；萼被金黄色短茸毛。果卵圆形至近球形，成熟时通常暗红色至鲜红色。种子全部被肉质假种皮包裹。花期春季，果期夏季。

【习性与生境】 喜光，喜暖热湿润气候及富含腐殖质的深厚、酸性土壤，怕霜冻。

【繁殖方式】 压条、嫁接等。

【观赏特性】 春色叶。树冠舒展，枝干苍劲古朴，嫩叶黄色、红色、橙色，花香异常，果色红艳。

【园林用途】 可孤植、列植作庭荫树、行道树等，亦是优良的观果树种。

【其他经济价值】 常见水果；木材坚实，深红褐色，纹理雅致、耐腐，为上等名材。

197．无患子（洗手果）

拉丁学名 *Sapindus saponaria* L.　　无患子科 Sapindaceae　无患子属 *Sapindus*

【识别特征】 落叶乔木，高可达20米。树皮灰褐色或黑褐色。叶连柄长25～45厘米或更长；小叶5～8对，通常近对生，叶片薄纸质，长椭圆状披针形或稍呈镰形，长7～15厘米或更长，宽2～5厘米，顶端短尖或短渐尖，基部楔形，稍不对称。花序顶生，圆锥形；花瓣5片，有长爪。发育分果爿近球形，橙黄色。花期春季，果期夏秋。

【习性与生境】 喜光，稍耐阴，喜温暖湿润气候，在中性土壤及石灰岩山地生长良好；对二氧化硫抗性较强；深根性，抗风力强，寿命长。各地寺庙、庭院和村边常见栽培。

【繁殖方式】 播种。

【观赏特性】 秋色叶。树干通直，树冠广展，冠大荫浓，绿荫稠密，羽叶秀丽，秋叶金黄色；橙黄色果实累累，极为美观。

【园林用途】 可作庭荫树、园景树及行道树，亦可配植于庭院、草坪、常绿树背景前，也可作为营造生态风景林的建群树种。

【其他经济价值】 果皮含有皂素，可代肥皂；木材可制作箱板和木梳等；根、嫩枝叶、种子可药用，有清热祛痰、消积杀虫等功效。

198．三角槭（三角枫）

拉丁学名 *Acer buergerianum* Miq.　　槭树科 Aceraceae　槭属 *Acer*

【识别特征】 落叶乔木，高5～10米。树皮褐色或深褐色，粗糙。叶纸质，外貌椭圆形或倒卵形，长6～10厘米，通常3浅裂，稀全缘，中央裂片急尖、锐尖或短渐尖；上面深绿色，下面黄绿色或淡绿色。花多数，常呈顶生被短柔毛的伞房花序；

萼片5片，黄绿色，卵形；花瓣5片，淡黄色。翅果黄褐色；小坚果特别凸起。花期4月，果期8月。

【习性与生境】 弱阳性树种，稍耐阴，喜温暖湿润气候，较耐寒，不耐干旱，较耐水湿，喜疏松肥沃、富含腐殖质的土壤；萌芽力强，耐修剪。生于阔叶林中。

【繁殖方式】 播种。

【观赏特性】 春秋色叶。树干苍劲，树姿优美，新叶黄绿色、紫色或紫红色，花色黄绿，夏季浓荫，秋叶暗红色或橙色，为良好秋色叶树种与园林绿化树种。

【园林用途】 可作行道树、庭荫树或草坪中的点缀树种，亦可盘扎造型，作树桩盆景。

【其他经济价值】 根可用于风湿关节痛；根皮、茎皮有清热解毒、消暑的作用。

199. 罗浮槭

拉丁学名 *Acer fabri* Hance　　槭树科 Aceraceae　槭属 *Acer*

【识别特征】 常绿乔木，通常高可达10米。树皮灰褐色或灰黑色。叶革质，披针形、长圆披针形或长圆倒披针形，长7～11厘米，宽2～3厘米，全缘；主脉在上面显著，在下面凸起，侧脉4～5对，在上面微观，在下面显著。花杂性，雄花与两性花同株；紫色伞房花序；萼片5片，紫色；花瓣5片，白色，倒卵形。翅果嫩时紫色，成熟时黄褐色或淡褐色。花期3—4月，果期9月。

【习性与生境】 在幼苗及幼树期耐阴性较强，喜温暖湿润及半阴环境，适应性较强，喜深厚、疏松肥沃、酸性或微碱性土壤。生于疏林中。

【繁殖方式】 播种。

【观赏特性】 春秋色叶。树冠紧密，姿态婆娑，枝繁叶茂，嫩叶红色，后逐渐变为黄褐色、绿色，秋叶变红色，果实也具观赏性。

【园林用途】 可孤植、丛植、片植，作园景树、风景林树种。

【其他经济价值】 果实可药用，有清热解毒的功效。

200. 樟叶泡花树

拉丁学名 *Meliosma squamulata* Hance　　**清风藤科** Sabiaceae　**泡花树属** *Meliosma*

【识别特征】 常绿乔木，高可达15米。单叶，具纤细、长2.5～10厘米的叶柄；叶片薄革质，椭圆形或卵形，长5～12厘米，宽1.5～5厘米，先端尾状渐尖或狭条状渐尖，基部楔形，稍下延，全缘，侧脉每边3～5条。圆锥花序顶生或腋生，单生或2～8个聚生，长7～20厘米，总轴、分枝、花梗、苞片均密被褐色柔毛；花白色。核果球形，直径4～6毫米；核近球形，顶基扁，稍偏斜，具明显凸起的不规则细网纹。花期夏季，果期9—10月。

【习性与生境】 喜温暖湿润环境，喜肥沃土壤。生于林中。

【繁殖方式】 播种。

【观赏特性】 春色叶。嫩叶浅红色至黄红色，叶柄纤细而长。

【园林用途】 可作园景树、行道树。

【其他经济价值】 木材为建筑、家具等用材。

201．南酸枣（山枣）

拉丁学名 *Choerospondias axillaris* (Roxb.) Burtt et Hill.　**漆树科** Anacardiaceae　**南酸枣属** *Choerospondias*

【识别特征】 落叶乔木，高可达20米。奇数羽状复叶长25～40厘米，有小叶3～6对，叶柄纤细，基部略膨大；小叶膜质至纸质，卵形、卵状披针形或卵状长圆形，长4～12厘米，宽2～4.5厘米，全缘或幼株叶边缘具粗锯齿。花瓣长圆形，具褐色脉纹，开花时外卷。核果椭圆形或倒卵状椭圆形，成熟时黄色，顶端具5个小孔。花期4月，果期8—10月。

【习性与生境】 喜温暖湿润气候，适生于深厚肥沃、排水良好的酸性或中性土壤，喜光，不耐寒，不耐涝；浅根性，萌芽力强，耐修剪，生长迅速。

【繁殖方式】 播种、扦插等。

【观赏特性】 春秋色叶。优良园林观赏树，树冠宽广，生长迅速，适应性强，新叶紫红色、橘红色、黄绿色或鲜红色，秋叶黄色。

【园林用途】 可作行道树、园景树、庭院树和高速公路两侧的绿化树种。

【其他经济价值】 木材结构略粗，心材宽，淡红褐色，边材狭，白色至浅红褐色，花纹美观，刨面光滑，收缩率小，可加工成工艺品；树皮和叶可提制栲胶；果可生食或酿酒；茎皮纤维可制作绳索；树皮和果可药用，有消炎解毒、止血止痛等功效。

202. 人面子

拉丁学名 *Dracontomelon duperreanum* Pierre　**漆树科** Anacardiaceae　**人面子属** *Dracontomelon*

【识别特征】 常绿大乔木，高可达20米。奇数羽状复叶长30～45厘米，有小叶5～7对，叶轴和叶柄具条纹，疏被毛；小叶互生，近革质，长圆形，自下而上逐渐增大，长5～14.5厘米，宽2.5～4.5厘米，全缘，两面沿中脉疏被微柔毛，叶背脉腋具灰白色髯毛。圆锥花序顶生或腋生，疏被灰色微柔毛；花白色。核果扁球形，成熟时黄色。种子3～4颗。花期4—5月，果期8月。

【习性与生境】 阳性树种，喜温暖湿润气候，适应性颇强，耐寒，抗风，抗大气污染，对土壤条件要求不严。生于林中。

【繁殖方式】 播种、扦插等。

【观赏特性】 春色叶。树干通直，树形优美，树冠宽广浓绿，新叶黄色、黄绿色、浅红色、暗红色或紫红色。

【园林用途】 宜孤植、列植作庭荫树、园景树及行道树。

【其他经济价值】 果肉可食用或盐渍做菜或制作其他食品，可加工成蜜饯和果酱；木材致密而有光泽，耐腐力强，可作建筑和家具用材；种子榨油，可制皂或作润滑油；人面子可药用，有健胃、生津、醒酒、解毒等功效。

203. 杧果（芒果）

拉丁学名 *Mangifera indica* L. 漆树科 Anacardiaceae 杧果属 *Mangifera*

【识别特征】 常绿乔木，高10～20米。树皮灰褐色。小枝褐色。叶薄革质，常集生于枝顶，叶形和大小变化较大，通常为长圆形或长圆状披针形，长12～30厘米，宽3.5～6.5厘米，边缘皱波状，叶面略具光泽。圆锥花序，多花密集；花小，杂性，黄色或淡黄色。核果大，肾形，压扁，成熟时黄色；中果皮肉质，肥厚，鲜黄色，味甜；果核坚硬。

【习性与生境】 喜光，抗风能力较弱，对土壤要求亦较严格，适生于土层深厚、排水良好的疏松沙壤土或壤土。生于山坡、河谷或旷野的林中。

【繁殖方式】 嫁接、压条、扦插等。

【观赏特性】 春色叶。树冠球形，新叶呈鲜红色、紫红色、暗红色、橙黄色或红褐色等。

【园林用途】 宜孤植、列植，作庭院树和行道树。

【其他经济价值】 常见水果，营养价值高；叶和树皮可制作黄色染料；木材坚硬，耐海水，宜作船车或家具等用材；果核可药用，有止咳、健胃、行气等功效。

204. 黄连木（黄连树）

拉丁学名 *Pistacia chinensis* Bunge　　漆树科 Anacardiaceae　黄连木属 *Pistacia*

【识别特征】 落叶乔木，高可达20米。树皮暗褐色，呈鳞片状剥落。奇数羽状复叶互生，有小叶5～6对，叶轴具条纹，被微柔毛，叶柄上面平，被微柔毛；小叶对生或近对生，纸质，披针形，长5～10厘米，宽1.5～2.5厘米，基部偏斜，全缘，侧脉和细脉在两面凸起。花单性异株，先花后叶；圆锥花序腋生。核果倒卵状球形，成熟时紫红色。花期3—4月，果期9—11月。

【习性与生境】 喜光，适应性强，耐干旱贫瘠，怕水涝；对二氧化硫和烟尘的抗性较强；深根性，抗风力强，生长较慢，寿命长。生于石山林中。

【繁殖方式】 播种。

【观赏特性】 春秋色叶。树冠浑圆，枝密叶繁，早春嫩叶鲜红色，秋叶变为橙黄色或深红色，雌花序紫红色，能一直保持到深秋。

【园林用途】 可配植于草坪、坡地、山谷、山石旁、亭阁旁，作庭荫树、行道树及山林风景树，也常作四旁绿化树种及低山区造林树种。

【其他经济价值】 木材坚硬致密，可作雕刻用材；种子可榨油。

205. 盐麸木（盐肤木、盐酸白）

拉丁学名 *Rhus chinensis* Mill.　　漆树科 Anacardiaceae　盐肤木属 *Rhus*

【识别特征】 落叶小乔木，高可达10米。羽状复叶，有小叶7～13片，叶轴具有宽翅；小叶多形，卵形、卵状椭圆形或长圆形，长6～12厘米，顶端急尖，基部圆，边缘有钝齿。圆锥花序顶生；花杂性，细小；花瓣、萼片均为5～6片；多分枝。核果近圆形，压扁，被有节毛，成熟时红色。花期8—9月，果期10月。

【习性与生境】 阳性树种，喜温暖湿润气候，耐寒，耐旱，耐瘠薄，对土壤要求不严，以排水良好、肥沃、深厚、疏松土壤为宜；适应性强，生长快，抗风性强。

【繁殖方式】 播种。

【观赏特性】 春秋色叶。树形优美，枝叶茂密，叶亮绿色，春季新叶红色、紫红色或暗红色，入秋叶鲜红色、橘红色，可为秋景增色；落叶后橙红色大型果序悬垂枝间，美观醒目。

【园林用途】 可孤植或丛植于草坪、斜坡、水边、亭廊旁，可作庭荫树、风景林和防护林树种，也是华南地区秋季红叶观赏林的主要树种之一；亦常作工矿业废弃地恢复的先锋植物。

【其他经济价值】 枝叶上寄生的虫瘿可提取单宁及药用；果泡水可代醋用，生食酸咸止渴；根、叶、花及果均可药用；种子可榨油，极具开发价值。

206. 野漆（痒漆树）

拉丁学名 *Toxicodendron succedaneum* (L.) O. Kuntze　　漆树科 Anacardiaceae　漆属 *Toxicodendron*

【识别特征】 落叶小乔木，高可达10米。顶芽大，紫褐色。奇数羽状复叶互生，常集生于小枝顶端，长25～35厘米，有小叶4～7对，叶轴和叶柄圆柱形；小叶对生或近对生，坚纸质至薄革质，长圆状椭圆形、阔披针形或卵状披针形，长5～16厘米，宽2～5.5厘米，全缘，叶背常具白粉。圆锥花序长7～15厘米，为叶长之半，多分枝；花黄绿色。核果大；外果皮薄，淡黄色；中果皮厚，蜡质，白色；果核坚硬，压扁。

【习性与生境】 喜光，喜温暖气候，不耐寒，耐干旱瘠薄的砾质土，忌水湿；萌蘖性极强，病虫害极少。

【繁殖方式】 播种。

【观赏特性】 秋色叶。树干通直，枝叶扶疏，夏季在绿叶中常有部分复叶或小叶呈现艳丽的红色，秋叶鲜红色、紫红色、橙红色、橙黄色等，是野外十分抢眼的秋色叶树种。

【园林用途】 宜片植营造秋色风景林，或配植于园林防护绿地、绿化隔离带。少数人接触树的枝叶会出现皮肤过敏的症状，城市园林中慎用。

【其他经济价值】 根、叶、树皮及果有小毒，有平喘、解毒、散瘀消肿、止痛止血等作用。

207. 木蜡树

拉丁学名 *Toxicodendron sylvestre* (Sieb. et Zucc.) O. Kuntze　漆树科 Anacardiaceae　漆属 *Toxicodendron*

【识别特征】 落叶小乔木，高可达8米。芽及小枝被黄褐色茸毛。一回奇数羽状复叶互生，具7～13对小叶，叶轴及叶柄密被黄褐色茸毛，叶柄长4～8厘米；小叶对生，卵形或卵状椭圆形，长4～10厘米，全缘，上面被微柔毛，下面被柔毛，中脉毛较密。花黄色。核果极偏斜，侧扁，长约8毫米，直径6～7毫米。

【习性与生境】 喜温暖气候，耐瘠薄。生于林缘、路边。

【繁殖方式】 播种。

【观赏特性】 秋色叶。树姿优美，秋冬树叶变黄色、橙色、红色等。

【园林用途】 宜片植营造秋色风景林，或配植于园林防护绿地、绿化隔离带。

【其他经济价值】 木材色白而渐变褐色，心材黄色，可制模型器具；树干韧皮部可割取生漆；种子榨油，可制油墨、肥皂；果皮可取蜡，制作蜡烛、蜡纸；树皮、汁液可制驱虫剂；根、叶及果实有解毒、止血、散瘀消肿等功效。

208. 小叶红叶藤（荔枝藤）

拉丁学名 *Rourea microphylla* (Hook. et Arn.) Planch.　**牛栓藤科** Connaraceae　**红叶藤属** *Rourea*

【识别特征】 攀援灌木，高1～4米。一回奇数羽状复叶，小叶通常7～17片；小叶片坚纸质至近革质，卵形或披针形，长1.5～4厘米，宽0.5～2厘米，全缘，中脉在腹面凸起。圆锥花序，丛生于叶腋内；花芳香；萼片卵圆形；花瓣白色、淡黄色或淡红色，椭圆形。蓇葖椭圆形或斜卵形，成熟时红色。种子椭圆形，橙黄色。花期3—9月，果期5月至翌年3月。

【习性与生境】 植株可攀援树上；耐旱性强，病虫害较少。生于山坡或疏林中，常见生长在山坡干燥地方或灌木丛中，郊野公路边偶尔也可见到。

【繁殖方式】 播种、扦插等。

【观赏特性】 春秋色叶。夏季高温新叶呈玫红色，冬季呈深红色，其色彩鲜艳、观赏期长、营造的景观稳定且具有变化。常生于山坡灌丛中，给朴素的山林增添自然美色。

【园林用途】 可在园林绿地中作为地被植物片植，可在庭院、草坪、林地边缘、高速公路及立交桥两侧的绿地中使用，也可片植后修剪出平面的、立体的、各式各样的几何图案，或密植成绿篱。

【其他经济价值】 茎皮含单宁，可提制栲胶，又可作外敷用药。

209. 黄杞（少叶黄杞）

拉丁学名 *Engelhardia roxburghiana* Wall.　　胡桃科 Juglandaceae　黄杞属 *Engelhardia*

【识别特征】 半常绿乔木，高可达10米。偶数羽状复叶，小叶2～5对；小叶近于对生，革质，长6～14厘米，宽2～5厘米，长椭圆状披针形至长椭圆形，全缘，两面具光泽。花雌雄同株或稀异株；雌花序1个及雄花序数个长而俯垂，生疏散的花，常形成一顶生的圆锥状花序束。果实坚果状，球形。花期5—6月，果期8—9月。

【习性与生境】 喜温暖气候，稍能耐阴；适应性广，生长快。生于林中。

【繁殖方式】 播种。

【观赏特性】 春色叶。树形开展，树干光洁，叶片亮绿色，嫩时黄绿色、黄红色或橙色。

【园林用途】 可作庭荫树、园景树。

【其他经济价值】 树皮纤维可制人造棉，树皮亦含单宁，可提制栲胶；叶有毒，可制成溶剂防治农作物病虫害，亦可毒鱼；木材可作工业用材和制造家具；树皮、叶可药用，有行气化湿、导滞、清热止痛的功效。

210. 香港四照花

拉丁学名 *Cornus hongkongensis* Hemsley　　**山茱萸科** Cornaceae　**山茱萸属** *Cornus*

【识别特征】 常绿乔木，高5～15米。树皮深灰色或黑褐色，平滑。叶对生，薄革质至厚革质，椭圆形至长椭圆形，长6.2～13厘米，宽3～6.3厘米，上面深绿色，有光泽，下面淡绿色。头状花序球形，由50～70朵花聚集而成；总苞片4片，白色；花小，有香味；花萼管状，绿色；花瓣4片，长圆椭圆形，淡黄色。果序球形，成熟时黄色或红色。花期5—6月，果期11—12月。

【习性与生境】 喜光，较耐寒耐阴，喜温暖湿润环境，对土壤要求不严，在湿润、排水良好的沙壤土和微酸性或中性肥沃的土壤中生长良好。生于湿润山谷的密林或混交林中。

【繁殖方式】 播种、扦插、分蘖等。

【观赏特性】 春秋色叶。树形圆整，嫩叶橙色、红色或浅红色，初夏时繁花满树，花瓣状苞片大而洁白，十分别致；秋季红果累累，成熟果实紫红色，颇鲜艳；随着气温降低，叶色逐渐转红色，在绿树丛中格外引人注目，是优良园林绿化树种和庭院观赏树种。

【园林用途】 可孤植于堂前、山坡、亭边、榭旁或丛植于草坪、路边、林缘、池畔等处，可春赏亮叶，夏观玉花，秋看红果和红叶。

【其他经济价值】 果实可鲜食、酿酒和制醋；果实可药用，有暖胃、通经、活血的功效；鲜叶敷伤口可消肿；根及种子煎水服用可补血；木材坚硬、纹理通直而细腻，易于加工，也是优良的用材树种。

211. 喜树

拉丁学名 *Camptotheca acuminata* Decne.　　紫树科 Nyssaceae　喜树属 *Camptotheca*

【识别特征】 落叶乔木，高可达20米。树皮灰色，纵裂。叶互生，纸质，矩圆状卵形或矩圆状椭圆形，长12～28厘米，宽6～12厘米，全缘，上面亮绿色，下面淡绿色。头状花序近球形，组成圆锥花序，顶生或腋生；花杂性，同株；花萼杯状，5浅裂，裂片齿状；花瓣5片，淡绿色，矩圆形或矩圆状卵形。翅果矩圆形，两侧具窄翅。花期5—7月，果期9月。

【习性与生境】 喜温暖湿润气候，不耐严寒和干燥，对土壤酸碱度要求不严，在石灰岩风化的钙质土壤和板页岩形成的微酸性土壤中生长良好；萌芽力较强。常生于林边或溪边。

【繁殖方式】 播种。

【观赏特性】 春色叶。树干挺直，树冠阔大，夏季可遮阴，嫩叶红色、黄红色、橙色，果实也有观赏价值。

【园林用途】 宜孤植、列植或丛植作庭荫树、行道树。

【其他经济价值】 果实、根、树皮、树枝、叶均可药用；果实含油脂，可榨油，供工业用；木材轻软适于作造纸原料，以及作胶合板、火柴、牙签、包装箱、绘图板、室内装修、日常用具等用材。

212. 蓝果树（紫树）

拉丁学名*Nyssa sinensis* Oliv.　　紫树科Nyssaceae　蓝果树属*Nyssa*

【识别特征】 落叶乔木，高可达20米。树皮淡褐色或深灰色，粗糙，常裂成薄片脱落。叶纸质或薄革质，互生，椭圆形或长椭圆形，长12～15厘米，宽5～6厘米，边缘略呈浅波状；叶柄淡紫绿色。花序伞形或短总状。核果矩圆状椭圆形或长倒卵圆形，微扁，成熟时深蓝色，常3～4枚。种子外壳坚硬，有5～7条纵沟纹。花期4月下旬，果期9月。

【习性与生境】 阳性树种，喜温暖湿润气候，耐干旱贫瘠，生长快。常生于山谷或溪边潮湿混交林。

【繁殖方式】 播种。

【观赏特性】 春秋色叶。干形挺直，叶茂荫浓，春季有紫红色、橙红色嫩叶，秋季叶转绯红色、鲜红色、深紫色及黄色，分外艳丽。

【园林用途】 宜配植于山地、丘陵营造秋色林，或与常绿树种混植，作为上层骨干树种，构成林丛，亦适于作庭荫树。

【其他经济价值】 木材坚硬，供建筑和制船车、家具等用，或作枕木、胶合板用材和造纸原料。

213. 黄毛楤木（鸟不宿）

拉丁学名 *Aralia chinensis* L.　　五加科 Araliaceae　楤木属 *Aralia*

【识别特征】 灌木或乔木，高2～5米。树皮灰色，疏生粗壮直刺。小枝有黄棕色茸毛，疏生细刺。叶为二回或三回羽状复叶，长60～110厘米；羽片有小叶5～11对，基部有小叶1对；小叶片纸质至薄革质，卵形、阔卵形或长卵形，边缘有锯齿，侧脉7～10对。圆锥花序大，有花多数；花白色，芳香；花瓣5片，卵状三角形。果实球形，黑色，有5棱。花期7—9月，果期9—12月。

【习性与生境】 喜温暖湿润气候，不耐寒，喜光，稍耐阴，对土壤要求不严。喜生于低山山谷或阳坡疏林。

【繁殖方式】 播种。

【观赏特性】 秋色叶。秋叶红色、黄色、橙色，树干挺直，树形如伞，茎干密生皮刺；叶片大而聚集于枝顶，犹如绿伞；花开美丽，盛花期白色大型花序生于枝头，非常灿烂。

【园林用途】 可孤植或丛植于坡地和溪边作为庭院树、园景树；适应性强，亦可与其他树种搭配运用到造林绿化中。

【其他经济价值】 根皮为民间草药，有祛风除湿、散瘀消肿的功效。

214. 银边花叶洋常春藤（斑叶常春藤）

拉丁学名 *Hedera helix* 'Argenteo-variegata'　　五加科 Araliaceae　常春藤属 *Hedera*

【识别特征】 常绿攀援藤本，也可在地面匍匐生长。幼枝被褐色星状毛，有营养枝和花枝之分。营养枝上叶3～5裂，花枝上叶卵状菱形或菱形；叶脉色浅，叶有白斑纹。伞形花序，花黄白色。浆果球形。花期9—12月，果期翌年4—5月。

【习性与生境】 喜温暖湿润环境，耐半阴，耐寒，耐旱，耐贫瘠，忌阳光直射，适应性广。

【繁殖方式】 扦插、压条等。

【观赏特性】 常色叶。叶色变化多端，绚烂多彩，枝蔓茂密青翠，姿态优雅。

【园林用途】 可配植于地面、山坡及高大建筑物阴面，也可作树干、立交桥、棚架、墙垣、岩石等处的垂直绿化树种。

215．花叶鹅掌藤（斑叶鹅掌藤）

拉丁学名 *Schefflera arboricola* 'Variegata'　**五加科** Araliaceae　**鹅掌柴属** *Schefflera*

【识别特征】 常绿灌木或小乔木。掌状复叶，叶互生，小叶7～9枚，全缘；叶暗绿色散布黄色斑纹，顶端3裂。伞形花序作总状排列，顶生，花淡绿白色。果球形，熟时黄红色。花期7—10月，果期9—11月。

【习性与生境】 喜高温高湿气候，喜光，耐半阴，忌烈日暴晒，不耐干旱，以疏松、肥沃和排水良好的沙壤土为宜；生长较快。

【繁殖方式】 播种、扦插等。

【观赏特性】 常色叶。株形紧凑，枝叶舒展，叶色斑驳，极为美观。

【园林用途】 可作林缘地被或配植于路旁作绿篱，或植于草坪、庭院、山石等处，也常作盆栽观赏。

216. 鹅掌柴（鸭脚木）

拉丁学名 *Heptapleurum heptaphyllum* (L.) Y. F. Deng　五加科 Araliaceae　鹅掌柴属 *Heptapleurum*

【识别特征】 乔木或灌木，高2～15米。小叶6～11片；小叶片纸质至革质，椭圆形，长9～17厘米，宽3～5厘米，边缘全缘，幼树叶时常有锯齿或羽状分裂，密生星状短柔毛，侧脉7～10对，下面微隆起。圆锥花序顶生，有总状排列的伞形花序几个至十几个；花白色，花瓣5～6片，开花时反曲。果实球形，黑色。花期11—12月，果期12月。

【习性与生境】 喜光，耐半阴，忌烈日暴晒，对土壤要求不严；生长快，适应性强。

【繁殖方式】 播种、扦插等。

【观赏特性】 春色叶。株形丰满优美，适应能力强，四季常青，叶面光亮舒展，春叶红褐色、橙黄色等。

【园林用途】 常配植于林缘、路旁作地被、绿篱、园景树，或植于草坪、庭院、山石等处，也常作盆栽观赏。

【其他经济价值】 南方冬季的蜜源植物。

217. 广东金叶子

拉丁学名 *Craibiodendron scleranthum* var. *kwangtungense* (S. Y. Hu) Judd　杜鹃花科 Ericaceae　金叶子属 *Craibiodendron*

【识别特征】 常绿乔木，高10～12米。单叶互生，革质，椭圆形或披针形，长6～8厘米，宽1.8～3厘米，先端锐尖，稀短渐尖，基部渐狭成楔形，全缘，榄绿褐色，表面有光泽，背面色较淡；中脉在表面凹陷，在背面隆起；侧脉18～20对，在表面明显，在背面隆起，至叶边缘网结，网脉明显。总状花序腋生；花序轴长4～5厘米；花萼杯状；花冠短钟形；雄蕊10枚。蒴果扁球形，顶部凹陷，高约14毫米，直径约18毫米，外果皮木质化。花期5—6月，果期7—8月。

【习性与生境】 喜温暖气候，耐贫瘠。生于山地。

【繁殖方式】 播种。

【观赏特性】 春色叶。枝繁叶茂，嫩叶红色、浅红色或橙红色，色彩艳丽。

【园林用途】 宜在林缘、溪边、池畔及岩石旁成丛成片栽植，也可于疏林下散植，是花篱的良好材料，可经修剪培育成各种形态；萌发力强，耐修剪，根桩奇特，也是优良的盆景材料。

218. 吊钟花（灯笼花）

拉丁学名 *Enkianthus quinqueflorus* Lour.　　杜鹃花科 Ericaceae　吊钟花属 *Enkianthus*

【识别特征】 灌木或小乔木，高1～7米。树皮灰黄色。叶常密集于枝顶，互生，革质，长圆形或倒卵状长圆形，长3～10厘米，宽1～4厘米，边缘反卷，全缘或稀向顶部疏生细齿，中脉在两面清晰。伞房花序具3～8朵花；花冠宽钟状，粉红色或红色，口部5裂，裂片钝，微反卷。蒴果椭圆形，淡黄色，具5棱。花期3—5月，果期5—7月。

【习性与生境】 喜凉爽湿润环境，不耐炎热高温，以肥沃、疏松的微酸性壤土为宜。常生于山坡灌丛中。

【繁殖方式】 扦插。

【观赏特性】 春色叶。新叶橙红色、红黄色、橙黄色；开花时，垂花朵朵，婀娜多姿，花白粉色，妖嫩媚人，晶莹醒目，宛如悬挂的彩色灯笼。

【园林用途】 可作庭院树、园景树、风景林树种，亦可作盆栽，适于客厅、花架、案头点缀，或作为大型插花的材料。

【其他经济价值】 花可药用，有减肥消斑、美容养颜，以及去火、平肝明目等功效。

219. 南烛（乌饭树）

拉丁学名 *Vaccinium bracteatum* Thunb.　　杜鹃花科 Ericaceae　越橘属 *Vaccinium*

【识别特征】 常绿灌木或小乔木，高2～9米。分枝多，老枝紫褐色。叶片薄革质，椭圆形、菱状椭圆形或披针状椭圆形至披针形，长4～9厘米，宽2～4厘米，边缘有细锯齿，表面平坦有光泽。总状花序顶生和腋生，长4～10厘米，有多数花；花冠白色，筒状。浆果，熟时紫黑色，外面通常被短柔毛。花期6—7月，果期8—10月。

【习性与生境】 喜温暖湿润气候和排水良好的酸性土壤，性强健，喜光，耐半阴，耐旱，耐贫瘠；萌蘖性强，极耐修剪。生于丘陵地带或山地，常生于山坡林内或灌丛中。

【繁殖方式】 扦插、播种等。

【观赏特性】 春秋色叶。枝叶茂密，花色洁白，新叶常呈鲜红色、紫红色、红褐色、红黄色等，夏梢、秋梢也常有零星红叶，艳丽夺目。

【园林用途】 适作花灌木或花境材料，适时修剪可延长观赏期。

【其他经济价值】 枝、叶有止泄、强筋益气的功效；种子有强筋益气、固精驻颜等作用。

220. 柿

拉丁学名 *Diospyros kaki* Thunb.　　柿树科 Ebenaceae　柿属 *Diospyros*

【识别特征】 落叶乔木，高可达15米。树皮暗灰色，呈长方形小块状裂纹。叶椭圆形或倒卵形，长6～18厘米，近革质，叶端渐尖，叶基楔形或近圆形，叶表深绿色有光泽，背面淡绿色有茸毛。花雌雄异株或同株，花4基数；花冠钟状，黄白色，4裂。浆果扁圆形或圆锥形，橙黄色或黄色。花期5—6月，果期9—10月。

【习性与生境】 喜温暖湿润气候，生长适应性强，阳光充足处果实多且品质好；对氟化氢有较强的抗性。

【繁殖方式】 播种、扦插、嫁接等。

【观赏特性】 秋色叶。树形优美，树干直立，树冠庞大，秋季叶变红色，果实渐渐变橙黄色或橙红色，累累佳实悬于树荫中极为美观。

【园林用途】 优良庭荫树、独赏树、风景树，宜配植于庭院、草坪、林缘或山坡、丘陵风景区，亦可作盆栽。

【其他经济价值】 常见水果，柿饼有涩肠、润肺、止血、和胃等功效。

221. 人心果

拉丁学名 *Manilkara zapota* (L.) van Royen　　山榄科 Sapotaceae　铁线子属 *Manilkara*

【识别特征】乔木，高15～20米。小枝茶褐色，具明显的叶痕。叶互生，密聚于枝顶，革质，长圆形或卵状椭圆形，长6～19厘米，宽2.5～4厘米，全缘或稀微波状，具光泽。花1～2朵生于枝顶叶腋；花冠白色；花冠裂片卵形，先端具不规则的细齿。浆果纺锤形、卵形或球形，褐色，果肉黄褐色。种子扁。花期4—9月，果期11月至翌年5月。

【习性与生境】喜高温高湿气候，不耐寒，土壤以排水良好、肥沃深厚的沙质或黏质壤土为宜。

【繁殖方式】播种、扦插、压条等。

【观赏特性】春色叶。树姿婆娑，新叶浅红色、橙红色、橙黄色等，果期满树果实累累。

【园林用途】可作庭院树、园景树，也常作盆栽。

【其他经济价值】果实可食用，营养丰富；树干乳汁为口香糖原料。

222. 虎舌红（红毡）

拉丁学名 *Ardisia mamillata* Hance　　**紫金牛科** Myrsinaceae　**紫金牛属** *Ardisia*

【识别特征】 矮小灌木，高不超过15厘米。叶互生或簇生于茎顶端，叶片坚纸质，倒卵形至长圆状倒披针形，长7～14厘米，宽3～5厘米，两面绿色或暗紫红色，被锈色或紫红色糙伏毛，毛基部隆起如小瘤，具腺点，以背面尤为明显。伞形花序，单一，着生于侧生特殊花枝顶端，每植株有花枝1～2个；花瓣粉红色，卵形，具腺点。花期6—7月，果期11月至翌年1（6）月。

【习性与生境】 喜温暖半阴环境，在疏松、有机质含量高的中性壤土中生长良好。生于山谷密林下、阴湿的地方。

【繁殖方式】 播种、扦插等。

【观赏特性】 常色叶。株形紧凑，叶面有紫红色茸毛，花小淡雅，果呈球形、黄豆大小、红色，全年轮番挂果，果、叶可全年观赏。

【园林用途】 可作盆栽，可长期放置于室内，或林下片植；从不同角度观赏叶片，呈现光泽多彩；果实红红火火，象征喜庆吉祥。

【其他经济价值】 民间常用中草药，全草有清热利湿、活血止血、去腐生肌等功效。

223. 密花树

拉丁学名 *Myrsine seguinii* H. Léveillé　　**紫金牛科** Myrsinaceae　**铁仔属** *Myrsine*

【识别特征】 常绿乔木。叶革质，长圆状倒披针形至倒披针形，顶端急尖或钝，稀突然渐尖，基部楔形，多少下延，长7～17厘米，宽1.3～6厘米，全缘，两面无毛，叶面中脉下凹，侧脉不甚明显。伞形花序或花簇生，着生于具覆瓦状排列的苞片的小短枝上，有花3～10朵；花瓣白色或淡绿色，有时为紫红色。果球形或近卵形，直径4～5毫米，灰绿色或紫黑色，有时具纵行腺条纹或纵肋，冠以宿存花柱基部。花期4—5月，果期10—12月。

【习性与生境】 喜温暖环境，喜肥沃土壤。生于林中、林缘或路旁。

【繁殖方式】 播种。

【观赏特性】 春色叶。枝繁叶茂，树冠紧凑；嫩叶黄绿色或黄色。

【园林用途】 可作行道树、园景树。

【其他经济价值】 树皮含单宁；木材坚硬，可制作车杆车轴。

224. 赤杨叶（拟赤杨）

拉丁学名 *Alniphyllum fortunei* (Hemsl.) Makino　　野茉莉科 Styracaceae　赤杨叶属 *Alniphyllum*

【识别特征】 落叶乔木，高15～20米。树皮灰褐色，有不规则细纵皱纹。叶嫩时膜质，干后纸质，椭圆形或倒卵状椭圆形，边缘具疏离硬质锯齿，两面疏生至密被褐色星状短柔毛或星状茸毛。总状花序或圆锥花序，顶生或腋生，有花10～20朵；花白色或粉红色。果实长圆形或长椭圆形，成熟时5瓣开裂。种子多数，两端有不等大的膜质翅。花期4—7月，果期8—10月。

【习性与生境】 阳性树种，适生于气候温暖、土层深厚湿润的山地；深根性，适应性较强，生长迅速，在疏林或林缘生长旺盛，天然下种更新力强。常生于常绿阔叶林中。

【繁殖方式】 播种、扦插等。

【观赏特性】 春秋色叶。树干通直，树姿优美，花瓣上带粉斑，粉嫩迷人，嫩叶浅红色至朱红色；秋季落叶前叶色橙红色或暗红色。

【园林用途】 可作园景树、行道树或风景林树种等。

【其他经济价值】 辐射孔材，木材洁白，结构中等，纹理通直，质轻软，易加工，是制作火柴杆、造纸的好原料，可制作雕刻图章、家具及各种板料、模型等，亦是一种放养白木耳的优良树种。

225. 栓叶安息香

拉丁学名 *Styrax suberifolius* Hook. et Arn.　野茉莉科 Styracaceae　安息香属 *Styrax*

【识别特征】 常绿乔木，高可达15米。树皮暗褐色。枝条、叶背、花序均被有一层稠密的淡红色或红色鳞片状毛。单叶互生，革质，椭圆形，5～11厘米，全缘。花两性，8～12朵组成倾斜下垂的总状花序，腋生或顶生；花瓣5片，基部连成一短管；花冠白色。蒴果球形，密生褐色星状短柔毛，开裂成3枚厚瓣，花萼宿存。花期3—6月，果期7—11月。

【习性与生境】 阳性树种，喜温暖湿润气候；生长快。生于山地、丘陵地常绿阔叶林中。

【繁殖方式】 播种。

【观赏特性】 常色叶。树冠圆整，枝叶浓密，叶上面浓绿青翠，叶背被淡红色鳞状毛，花雪白美丽。

【园林用途】 宜孤植、丛植或列植作园景树、行道树。

【其他经济价值】 本种木材坚硬，可作家具和器具用材；种子可制肥皂或油漆；根、叶可药用，有祛风、除湿、理气止痛等功效。

226. 越南安息香（白花树）

拉丁学名 *Styrax tonkinensis* (Pierre) Craib ex Hartw.　　野茉莉科 Styracaceae　安息香属 *Styrax*

【识别特征】 乔木，高6～30米。树皮暗灰色或灰褐色，有不规则纵裂纹。叶互生，纸质至薄革质，椭圆形或椭圆状卵形至卵形，长5～18厘米，宽4～10厘米，边近全缘，嫩叶有时具2～3个齿裂；叶柄上面有宽槽，密被褐色星状柔毛。圆锥花序；花白色。果实近球形，顶端急尖或钝，外面密被灰色星状茸毛。种子卵形，栗褐色。花期4—6月，果期8—10月。

【习性与生境】 喜生于气候温暖、较潮湿、土壤疏松肥沃、土层深厚、微酸性、排水良好的山坡或山谷、疏林中或林缘。

【繁殖方式】 播种。

【观赏特性】 常色叶。树干通直，树形优美，叶背密被灰黄色星状茸毛，花朵下垂，盛开时繁花似雪。

【园林用途】 可作庭荫树或行道树，或植于水滨湖畔、阴坡谷地、溪流两旁，在常绿树丛边缘群植，白花映于绿叶中，饶有风趣。

【其他经济价值】 木材为散孔材，结构致密，材质松软，可作火柴杆、家具及板材用材；种子榨油，称“白花油”，可药用；树脂称“安息香”，是贵重药材，并可制造高级香料。

227. 黄牛奶树

拉丁学名 *Symplocos cochinchinensis* var. *laurina* Nooteboom　山矾科 Symplocaceae　山矾属 *Symplocos*

【识别特征】 灌木或小乔木。叶革质，倒卵状椭圆形或狭椭圆形，长7～14厘米，宽2～5厘米，先端急尖或渐尖，基部楔形或宽楔形，边缘有细小的锯齿；叶柄长1～1.5厘米。穗状花序长3～6厘米；花冠白色。核果球形，直径4～6毫米，顶端宿萼裂片直立。花期8—12月，果期翌年3—6月。

【习性与生境】 喜温暖气候，耐贫瘠。常生于路旁、林中。

【繁殖方式】 播种。

【观赏特性】 春色叶。新叶紫红色、紫色。

【园林用途】 可作园景树，或修剪成绿墙。

228. 老鼠屎（老鼠矢）

拉丁学名 *Symplocos stellaris* Brand　山矾科 Symplocaceae　山矾属 *Symplocos*

【识别特征】 常绿乔木，高可达10米。芽、嫩枝、嫩叶柄、苞片和小苞片均被红褐色茸毛。叶厚革质，叶面有光泽，叶背粉褐色，披针状椭圆形或狭长圆状椭圆形，长6～20厘米，宽2～5厘米，通常全缘，很少有细齿；中脉在叶面凹下，在叶背明显凸起。团伞花序着生于二年生枝的叶痕之上；花冠白色。核果狭卵状圆柱形；核具6～8条纵棱。花期4—5月，果期6月。

【习性与生境】 喜温暖湿润气候，对土壤适应性较强，耐干旱贫瘠。常生于山地、路旁、疏林中。

【繁殖方式】 播种。

【观赏特性】 春色叶。新叶及嫩枝密被淡紫色至紫红色长茸毛，粉嫩迷人。

【园林用途】 适作风景区、公园、庭院的绿化树种。

229．花叶灰莉

拉丁学名 *Fagraea ceilanica* 'Variegata'　马钱科 Loganiaceae　灰莉属 *Fagraea*

【识别特征】 灌木或乔木，高可达15米。全株无毛。叶片稍肉质，椭圆形、卵形、倒卵形或长圆形，有时长圆状披针形，长5～25厘米，宽2～10厘米，侧脉每边4～8条，不明显；叶柄长1～5厘米。花单生或组成顶生二歧聚伞花序；花萼绿色，肉质；花冠漏斗状，稍带肉质，白色，芳香，花冠管长3～3.5厘米，上部扩大。浆果卵状或近圆球状。花期4—8月，果期7月至翌年3月。

【习性与生境】 喜温暖气候，喜光照充足的环境。

【繁殖方式】 扦插。

【观赏特性】 常色叶。枝形紧凑，叶厚，叶边缘或整张叶片黄色或乳黄色。

【园林用途】 可作园景树或绿篱，或修剪成圆球形。

230. 金叶女贞

拉丁学名 *Ligustrum* × *vicaryi* Rehder　　木樨科 Oleaceae　女贞属 *Ligustrum*

【识别特征】 落叶灌木，株高2～3米。叶薄革质，单叶对生，椭圆形或卵状椭圆形，先端尖，基部楔形，全缘，嫩叶金黄色，后渐变为黄绿色。总状花序，花为两性，呈筒状白色小花。核果椭圆形，内含1颗种子，颜色为黑紫色。花期5—6月，果期10月。

【习性与生境】 喜光，稍耐阴，耐寒能力较强，抗病力强，对土壤要求不严格；萌蘖性强，耐修剪。

【繁殖方式】 嫁接、播种、扦插、分株等。

【观赏特性】 常色叶。花芳香，叶常年金黄色，极具观赏效果。

【园林用途】 常作模纹色块，可修剪成球形、矮绿篱应用于公园、庭院、小区，或与其他植物组成图案和建造绿篱。

231. 木樨（桂花）

拉丁学名 *Osmanthus fragrans* (Thunb.) Lour.　　木樨科 Oleaceae　木樨属 *Osmanthus*

【识别特征】 常绿乔木或灌木，高可达18米。叶片革质，椭圆形、长椭圆形或椭圆状披针形，长7～14.5厘米，宽2.6～4.5厘米，全缘或通常上半部具细锯齿，腺点在两面连成小水泡状凸起，中脉在上面凹下，下面凸起。聚伞花序簇生于叶腋，每腋内有花多朵；花极芳香；花冠黄白色、淡黄色、黄色或橘红色。果歪斜，椭圆形，呈紫黑色。花期9月至10月上旬，果期翌年3月。

【习性与生境】 中性偏阳树种，喜温暖湿润气候和通风良好的环境，不耐寒，对水肥要求较高，适生于偏酸性土壤；对二氧化硫抗性强，对氯气抗性较强，抗火性能强。

【繁殖方式】 嫁接、播种、扦插、压条等。

【观赏特性】 春色叶。新叶、嫩枝同时呈现黄褐色至紫红色，为著名的芳香植物和园林观赏树种。

【园林用途】 适作小片林树种、园景树、庭院树等。

【其他经济价值】 花淡黄白色，芳香，可提取芳香油，制桂花浸膏，用于食品、化妆品，或制糕点、糖果，以及酿酒等。

232. 海杧果（牛金茄）

拉丁学名 *Cerbera manghas* L.　　夹竹桃科 Apocynaceae　海杧果属 *Cerbera*

【识别特征】 乔木，有乳汁。树冠阔卵形。单干易丛生，枝粗壮，具明显叶痕。叶互生，厚纸质，丛生于枝顶，倒卵状披针形或倒卵状矩圆形。聚伞花序顶生；花高脚碟状，白色，喉部红色；花冠筒圆筒形，上部膨大，下部缩小。核果，椭圆形或卵圆形，绿色，熟时橙黄色至红色。花期3—10月，果期7—12月。

【习性与生境】 喜温暖湿润气候，较耐阴，喜水湿，耐寒，耐盐碱；深根性，抗风，生长较慢。多生于海边或近海边湿润的地方。

【繁殖方式】 播种、扦插等。

【观赏特性】 秋色叶。树形美观，花多、美丽而芳香，叶深绿色，老叶零星变红色。

【园林用途】 可于庭院、公园、道路绿化带、湖旁周围孤植、列植或片植作园景树，也是优良的海岸防护林树种。

【其他经济价值】 木材质地轻软，可用于制作箱柜、木屐和小型器具；树皮、叶和乳汁可提取制作催吐、下泻药物；果实有毒。

233. 花叶狗牙花

拉丁学名 *Tabernaemontana divaricata* 'Variegata'　夹竹桃科 Apocynaceae　山辣椒属 *Tabernaemontana*

【识别特征】 常绿灌木，株高可达3米。叶坚纸质，椭圆形或椭圆状长圆形，叶缘两侧稍反卷，叶面上具白色缟纹。聚伞花序腋生，着花6～10朵。花期5—10月。

【习性与生境】 喜温暖湿润、阳光充足的环境。

【繁殖方式】 扦插、压条等。

【观赏特性】 常色叶。株形优美，自然紧凑成球形；叶色斑驳亮丽，花序洁白素雅。

【园林用途】 适宜在公园、绿地作点缀配置。

234. 络石（过桥风）

拉丁学名 *Trachelospermum jasminoides* (Lindl.) Lem.　夹竹桃科 Apocynaceae　络石属 *Trachelospermum*

【识别特征】 常绿木质藤本，长达10米，具乳汁。茎赤褐色，圆柱形，有皮孔。叶革质或近革质，宽倒卵形或椭圆形至卵状椭圆形，长2～10厘米，宽1～4.5厘米。二歧聚伞花序腋生或顶生，花多朵组成圆锥状；花白色，芳香；花冠筒圆筒形，中部膨大。蓇葖双生，叉开，线状披针形。种子多颗，褐色。花期3—7月，果期7—12月。

【习性与生境】 喜光，适应性强，耐寒、耐潮湿、耐干旱贫瘠；对二氧化硫抗性强，萌蘖性强，耐修剪，生长迅速。生于山野、溪边、路旁、林缘或杂木林中，常缠绕于树上或攀援于墙壁上、岩石上。

【繁殖方式】 压条。

【观赏特性】 春秋色叶。春叶呈紫红色、血红色、橙黄色或棕红色，秋冬部分叶片呈血红色、紫红色或深紫色。

【园林用途】 适作公园、庭院石景点缀树种，作墙角、边坡、柱干等垂直绿化树种或作地被。

【其他经济价值】 根、茎、叶、果实可药用，有祛风活络、利关节、止血、止痛消肿、清热解毒等功效。

235. 花叶络石（斑叶络石）

拉丁学名 *Trachelospermum jasminoides* 'Flame'　　夹竹桃科 Apocynaceae　络石属 *Trachelospermum*

【识别特征】 常绿木质藤本。茎圆柱形，借气生根攀援。叶革质，对生，椭圆形至卵状椭圆形，老叶近绿色或淡绿色，叶上有大小不一的乳黄色斑纹；在新叶与老叶间有数对斑状花叶。聚伞花序；花冠白色，芳香。蓇葖双生。花期4—6月，果期8—10月。

【习性与生境】 喜温暖湿润环境，喜光，耐半阴，耐寒，耐旱，耐贫瘠；性强健，抗病能力强，生长旺盛。

【繁殖方式】 扦插、压条、组织培养等。

【观赏特性】 常色叶。四季常绿，叶如花，覆盖性好，开花时节，花香袭人。

【园林用途】 可点缀假山、叠石，攀援于墙壁、枯树、花架、绿廊，也可片植作林下耐阴湿地被植物。

236. 茜树（山黄皮）

拉丁学名 *Aidia cochinchinensis* Lour.　　茜草科 Rubiaceae　茜树属 *Aidia*

【识别特征】 常绿乔木，高5～15米。叶革质或纸质，对生，椭圆状长圆形、长圆状披针形或狭椭圆形，长6～21.5厘米，宽1.5～8厘米，上面稍光亮，下面脉腋内的小窝孔中常簇生短柔毛。聚伞花序与叶对生或生于无叶的节上，多花；花冠黄色或白色，有时红色。浆果球形，紫黑色。种子多数。花期3—6月，果期5月至翌年2月。

【习性与生境】 喜温暖湿润气候，耐阴。生于丘陵、山坡、山谷溪边的灌丛或林中。

【繁殖方式】 播种。

【观赏特性】 春色叶。树形整齐，新叶红色或橙红色，观叶、观花、观果皆可。

【园林用途】 可作园景树、盆栽或列植作绿篱。

237. 花叶栀子（斑叶栀子）

拉丁学名 *Gardenia jasminoides* 'Variegata'　　茜草科 Rubiaceae　栀子属 *Gardenia*

【识别特征】 常绿灌木，高1～2米，植株大多比较低矮。干灰色。小枝绿色。叶对生或主枝轮生，倒卵状长椭圆形，长5～14厘米。花单生于枝顶或叶腋，白色，重瓣，浓香；花冠高脚碟状，6裂，肉质。果实卵形，具6纵棱。种子扁平。花期6—8月，果期10月。

【习性与生境】 喜温暖湿润气候，忌阳光直射，宜生长在疏松、肥沃、排水良好的酸性土壤；抗烟尘、抗二氧化硫能力强。

【繁殖方式】 扦插、压条等。

【观赏特性】 常色叶。叶色斑驳，叶缘不规则金黄色，花色素雅，花、果芳香。

【园林用途】 可在庭院、公园中装饰林缘，可用于道路两侧绿化或作色块布置，也可作盆栽。

238. 长隔木（希茉莉）

拉丁学名 *Hamelia patens* Jacq.　　茜草科 Rubiaceae　长隔木属 *Hamelia*

【识别特征】 红色灌木，高2～4米。嫩部均被灰色短柔毛。叶通常3片轮生，椭圆状卵形至长圆形。聚伞花序有3～5个放射状分枝；花无梗，沿着花序分枝的一侧着生；萼裂片短，三角形；花冠橙红色。浆果卵圆状，直径6～7毫米，暗红色或紫色。

【习性与生境】 喜高温、高湿、阳光充足的环境，不耐寒，耐炎热，耐修剪，对土壤要求不严，以排水性好的微酸性沙壤土为宜。

【繁殖方式】 扦插。

【观赏特性】 春秋色叶。春叶紫红色、绯红色、暗红色，叶面黄绿色，入秋紫红色；花色红艳。

【园林用途】 优良观花灌木，适用于墙边、路边、池边、坡地绿化，也可用于花坛、岩石园等绿化。

239. 龙船花

拉丁学名*Ixora chinensis* Lam. 茜草科Rubiaceae 龙船花属*Ixora*

【识别特征】 乔木，有乳汁。树冠阔卵形。单干易丛生，枝粗壮，具明显叶痕。叶互生，叶丛生于枝顶，倒卵状披针形或倒卵状矩圆形。聚伞花序顶生；花高脚碟状，白色，喉部红色。核果，椭圆形或卵圆形，绿色，熟时橙黄色至红色。花期3—10月，果期7月至翌年4月。

【习性与生境】 喜温暖湿润气候，较耐阴，喜水湿，耐寒，耐盐碱；深根性，抗风，生长较慢。

【繁殖方式】 扦插、播种、压条等。

【观赏特性】 春秋色叶。嫩叶浅红色，老叶零星变红色；花多色艳。

【园林用途】 可于庭院、公园、道路绿化带、湖旁周围孤植、列植或片植作园景树，也是优良的海岸防护林树种。

【其他经济价值】 木材质地轻软，可用于制作箱柜、木屐和小型器具；树皮、叶和乳汁可提取制作催吐、下泻药物；果实有毒。

240. 楠藤

拉丁学名 *Mussaenda erosa* Champ. 茜草科 Rubiaceae 玉叶金花属 *Mussaenda*

【识别特征】 攀援灌木，高可达3米。叶对生，长圆形或卵形至长圆状椭圆形，长6～12厘米，宽3.5～5厘米，侧脉4～6对；叶柄长1～1.5厘米。伞房状多歧聚伞花序顶生；花萼管椭圆形；萼叶白色，阔椭圆形，长4～6厘米，宽3～4厘米，有纵脉5～7条，顶端圆或短尖，基部骤窄，柄长0.9～1厘米；花冠橙黄色或金黄色，五角星状。浆果近球形或阔椭圆形，顶部有萼檐脱落后的环状疤痕。花期4—7月，果期9—12月。

【习性与生境】 喜温暖气候和肥沃土壤。常生于灌丛或林中。

【繁殖方式】 播种、扦插等。

【观赏特性】 春色叶。春叶淡红色，开花时萼片雪白色，花冠金黄色，颜色鲜艳。

【园林用途】 可在围墙等建筑旁作垂直绿化树种，或作盆栽观赏。

【其他经济价值】 茎、叶和果均可药用，有清热消炎的功效，可治疥疮积热，在海南民间常被用于治猪的各种炎症。

241. 乌檀（熊胆树）

拉丁学名 *Nauclea officinalis* (Pirre ex Pitard) Merr.　　**茜草科** Rubiaceae　**乌檀属** *Nauclea*

【识别特征】常绿乔木，高4～12米。小枝纤细，光滑；顶芽倒卵形。叶纸质，椭圆形，长7～9厘米，宽3.5～5厘米，顶端渐尖，略钝头，基部楔形，干时上面深褐色，下面浅褐色。头状花序单个顶生；总花梗长1～3厘米。果序中的小果融合，成熟时黄褐色，表面粗糙。种子椭圆形，一面平坦，一面拱凸，种皮黑色有光泽，有小窝孔。花期夏季。

【习性与生境】适生于红壤、赤红壤及沙地黄壤，较耐阴。常生于较湿润的山谷洼地及山体中、下坡。

【繁殖方式】播种。

【观赏特性】春色叶。株形优美，树冠广展，春叶浅红色、橙黄色。

【园林用途】可孤植、丛植，作庭院树、园景树。

【其他经济价值】木材橙黄色，有苦味，为良好建筑用材；茎可药用，有消热解毒、消肿止痛等功效。

242．金边六月雪

拉丁学名 *Serissa japonica* 'Variegata'　　茜草科 Rubiaceae　白马骨属 *Serissa*

【识别特征】 常绿或半常绿丛生小灌木。叶对生或成簇生于小枝上，长椭圆形或长椭圆状披针形，长0.7～1.5厘米，全缘，叶边缘金黄色，先端钝，厚革质，深绿色，有光泽。花白色带红晕或淡粉紫色，花形小，单生或多朵簇生在小枝的顶端；花冠漏斗状，有柔毛；花萼绿色，上有裂齿，质地坚硬。小核果近球形。花期6—7月。

【习性与生境】 喜温暖湿润气候及半阴半阳的环境，喜疏松肥沃、排水良好的中性或微酸性土壤。

【繁殖方式】 扦插。

【观赏特性】 常色叶。树形纤巧，枝叶茂密，夏日白花点点，叶缘有金色斑纹，色彩亮丽。

【园林用途】 适宜作花坛植物、花篱等，配植于庭院路边及步道两侧作花径，或交错栽植在山石、岩迹，也是制作盆景的上好材料。

243．鸳鸯茉莉

拉丁学名 *Brunfelsia brasiliensis* (Spreng.) L. B. Smith et Downs　　茄科 Solanaceae　番茉莉属 *Brunfelsia*

【识别特征】 常绿灌木，高50～100厘米。单叶互生，矩圆形或椭圆状矩形，先端渐尖，全缘；花单生或呈聚伞花序，高脚蝶状，初开时淡紫色，随后变成淡雪青色，再后变成白色。浆果。花期4—9月。

【习性与生境】 喜光，耐半阴，耐高温，但长期在烈日下会生长不良，适宜排水良好的酸性土壤。

【繁殖方式】 扦插。

【观赏特性】 春秋色叶。叶色翠绿，嫩叶橙黄色，秋叶部分叶片变黄色，花香扑鼻，白色与紫红色或淡红色相间，清雅宜人。

【园林用途】 可布置花坛、花境或用于建筑物基础种植，还可以散点布置于公园草地，也可作盆栽。

244. 红花玉芙蓉

拉丁学名 *Leucophyllum frutescens* (Berland.) I. M. Johnst. **玄参科** Scrophulariaceae **玉芙蓉属** *Leucophyllum*

【识别特征】 常绿小灌木，高1.5～2.5米。枝条开展或拱垂。全株密生白色茸毛及星状毛。叶互生，倒卵形，长1.2～2.5厘米，先端圆钝，基部楔形，质地厚，全缘，微卷曲，几乎无柄。花单生于叶腋；萼裂片长椭圆状披针形；花冠紫红色，钟形，内部被毛，5裂；雄蕊4枚，内藏。蒴果，2裂。花期长。

【习性与生境】 阳性植物，喜温暖稍干旱环境；耐寒、耐旱、耐热。

【繁殖方式】 扦插、压条等。

【观赏特性】 常色叶。枝叶茂密，银白色，花朵紫红色，是优良的观叶、观花灌木。

【园林用途】 可丛植于庭院、公园，修剪成型，作矮篱或盆栽，也可植为绿篱。

245. 黄脉爵床（金脉爵床）

拉丁学名 *Sanchezia nobilis* Hook. f.　　爵床科 Acanthaceae　黄脉爵床属 *Sanchezia*

【识别特征】 灌木，高可达2米。叶具1～2.5厘米的柄，叶片矩圆形、倒卵形，顶端渐尖，或尾尖，基部楔形至宽楔形，下沿，边缘为波状圆齿，干时常黄色。顶生穗状花序小；苞片大；雄蕊4枚；花丝细长，伸出冠外，疏被长柔毛；花药2室，密被白色毛，背着，基部稍叉开；花柱细长，柱头伸出管外，高于花药。

【习性与生境】 喜温暖气候，适生温度为20～30℃，喜半阴环境，也耐光照。

【繁殖方式】 扦插。

【观赏特性】 常色叶。叶色黄绿相间，花期橙黄色的花朵耸立枝头，观赏价值高，为华南地区重要观叶植物。

【园林用途】 宜布置于花坛、花境，或作矮篱分隔空间或丛植成景，也是良好的盆栽植物。

246. 金叶假连翘（黄金露花）

拉丁学名 *Duranta erecta* 'Golden Leaves'　　马鞭草科 Verbenaceae　假连翘属 *Duranta*

【识别特征】 灌木。叶对生，少有轮生，叶片卵状椭圆形或卵状披针形，长2～6.5厘米，宽1.5～3.5厘米，纸质，顶端短尖或钝，基部楔形，全缘或中部以上有锯齿；叶柄长约1厘米。总状花序顶生或腋生，常排成圆锥状；花冠通常蓝紫色。核果球形或水滴状，熟时红黄色。花果期几乎全年。

【习性与生境】 喜温暖气候，耐贫瘠。

【繁殖方式】 扦插。

【观赏特性】 常色叶。叶色金黄色（阳光不足时绿色），花冠蓝紫色，果红黄色。

【园林用途】 园林中通常作绿篱、花廊等，常修剪成圆球形等形态。

247. 金边假连翘

拉丁学名 *Duranta erecta* 'Marginata'　　马鞭草科 Verbenaceae　假连翘属 *Duranta*

【识别特征】 常绿灌木。枝长，下垂或平展。叶对生，卵形、卵状椭圆形或倒卵形，纸质，叶缘有黄白色条纹。总状花序腋生，排成一个顶生圆锥花序，花通常着生于中轴一侧；花冠蓝紫色或淡蓝紫色。核果肉质，卵形或球形，金黄色。花期5—10月。

【习性与生境】 喜温暖和阳光充足的环境，喜高温，耐强光，耐旱，稍耐阴，一般的土壤可生长良好；萌芽力强，耐修剪。

【繁殖方式】 扦插、播种等。

【观赏特性】 常色叶。叶缘颜色鲜艳，花序蓝紫色，垂挂枝头。

【园林用途】 适作绿篱、绿墙、花廊，可修剪为多种形态，作盆景栽植，或修剪培育作桩景。

248. 柚木

拉丁学名 *Tectona grandis* L. f.　　**马鞭草科** Verbenaceae　**柚木属** *Tectona*

【识别特征】 大乔木，高可达40米。小枝淡灰色或淡褐色，四棱形，具4槽。叶对生，厚纸质，全缘，卵状椭圆形或倒卵形，长15～70厘米，宽8～37厘米，背面密被灰褐色至黄褐色星状毛。圆锥花序顶生；花有香气；花萼钟状，被白色星状茸毛，裂片较萼管短；花冠白色，顶端圆钝，被毛及腺点。核果球形，外果皮茶褐色。花期8月，果期10月。

【习性与生境】 喜光，喜深厚、湿润、肥沃、排水良好的土壤。

【繁殖方式】 播种。

【观赏特性】 春色叶。主干通直，叶子大，树冠齐整，嫩叶棕红色、浅红色、棕黄色，具观赏性。

【园林用途】 可用于作行道树、小区绿化树种、园林点缀及四旁绿化树种。

【其他经济价值】 世界著名木材之一，质坚硬，光泽美丽，纹理通直，耐朽力强，芳香，易加工，适于造船、车辆、家具，以及建筑、雕刻之用；木屑浸水可治皮肤病，煎水可治咳嗽；花和种子利尿。

249．烟火树（烟火木）

拉丁学名 *Clerodendrum quadriloculare* (Blanco) Merr.　　马鞭草科 Verbenaceae　大青属 *Clerodendrum*

【识别特征】 常绿灌木，高可达4米。幼枝方形，墨绿色。叶对生，纸质，长椭圆形，长15～20厘米，叶背暗紫红色，全缘。聚伞状圆锥花序顶生；小花多数，聚生成团，紫红色；花冠细高脚杯形，先端5裂，裂片内侧白色。浆果状核果椭圆形，长1～1.5厘米，紫色，宿存萼片红色。

【习性与生境】 喜温暖湿润气候，不耐寒，稍耐干旱与瘠薄。

【繁殖方式】 扦插。

【观赏特性】 常色叶。叶表面深绿色，背面暗紫红色，花开时宛如星星闪烁，亦似团团爆发的烟火，为优良观叶、观花植物。

【园林用途】 可孤植或丛植于山坡、庭院、林缘，也可作花境的背景材料。

【其他经济价值】 根有疏肝理气、益肾强精、养胃和中、补血调经等功效。

250. 菝葜（金刚藤）

拉丁学名 *Smilax china* L.　　菝葜科 Smilacaceae　菝葜属 *Smilax*

【识别特征】 攀援灌木。根状茎粗厚，坚硬，为不规则的块状，茎长1～3米，疏生刺。叶薄革质或坚纸质，干后通常红褐色或近古铜色，圆形、卵形或其他形状，下面通常淡绿色，较少苍白色；叶柄几乎都有卷须。伞形花序生于叶尚幼嫩的小枝上，常呈球形；花绿黄色。浆果，熟时红色，有粉霜。花期2—5月，果期9—11月。

【习性与生境】 喜光，喜温暖湿润环境。在深厚湿润的沙壤土、红壤土或砖红壤土上生长良好。生于林下、灌丛中、路旁、河谷或山坡上。

【繁殖方式】 分株。

【观赏特性】 春色叶。春季新叶呈现单纯的黄绿色、鲜红色或紫红色，或在浅褐色或黄绿色的基色上分布着紫褐色、红褐色不规则斑块而呈现花叶类型。

【园林用途】 可作坡地美化树种、小型花架等垂直绿化树种，也可密植修剪造型。

251. 粉背菝葜

拉丁学名 *Smilax hypoglauca* Benth.　　菝葜科 Smilacaceae　菝葜属 *Smilax*

【识别特征】 攀援灌木。叶革质，卵状长圆形、卵形或窄椭圆形，长5～12厘米，宽2～4厘米，先端短渐尖，基部宽楔形或近圆，下面粉白色，主脉5条；叶柄长0.8～1.4厘米，脱落点位于近叶柄顶端，常有卷须；鞘长为叶柄的1/2或稍长，鞘前伸成披针形耳，长2～5毫米。浆果直径0.8～1厘米，成熟时暗红色。花期2—5月，果期8—10月。

【习性与生境】 喜光，喜温暖环境，耐贫瘠。生于疏林或灌丛边缘。

【繁殖方式】 播种、分株等。

【观赏特性】 常色叶。叶厚，正面绿色，背面粉白色。

【园林用途】 园林中可修剪成绿篱或其他造型。

252. 朱蕉（铁树）

拉丁学名 *Cordyline fruticosa* (L.) A. Cheval.　　龙舌兰科 Agavaceae　朱蕉属 *Cordyline*

【识别特征】 灌木状，直立，高1～3米。叶聚生于茎或枝的上端，矩圆形至矩圆状披针形，长25～50厘米，宽5～10厘米，绿色或带紫红色；叶柄有槽，基部变宽，抱茎。圆锥花序长30～60厘米，侧枝基部有大的苞片，每朵花有3片苞片；花淡红色、青紫色至黄色。花期11月至翌年3月。

【习性与生境】 喜高温多湿气候，属半阴植物，不耐旱，以富含腐殖质和排水良好的酸性土壤为宜。

【繁殖方式】 播种、扦插、压条等。

【观赏特性】 常色叶。株形美观，叶色鲜艳多彩、叶形变化大，是室内外常用绿化植物。

【园林用途】 在庭院中广泛栽作花灌木，常丛植于草地、花坛、湖边或建筑物前；或成片摆放于会场、公共场所、厅室出入处，或数盆摆设于橱窗、茶室，更显典雅豪华。

【其他经济价值】 叶、根、花可药用，有凉血、利尿、消肿、止血、祛伤解郁等功效。

参考文献

柴素芬，肖河章，霍洁研，2008．惠州市彩叶植物资源调查［J］．安徽农学通报，14（21）：49-51．
陈红峰，崔晓东，张应扬，2017．南昆山植物［M］．北京：中国林业出版社．
成夏岚，邢福武，陈红锋，2009．华南彩叶植物及其园林应用［J］．广东园林，31（6）：49-53．
丁岳炼，王志云，万利鑫，等，2019．不同基质处理对短序润楠种子发芽率和发芽势的影响［J］．现代园艺（5）：10-11．
董建文，廖艳梅，许贤书，等，2010．秋季观赏植物单株美景度评价［J］．东北林业大学学报，38（3）：42-46．
董俊岚，2005．北京彩叶树种资源及其在城市绿化中的应用［J］．绿化与生活（1）：21-22．
胡文强，钟任资，肖玉，等，2016．短序润楠春梢叶色及SPAD值变化［J］．林业与环境科学，32（5）：85-88．
黄妍，周强，杨静慧，等，2019．土壤盐碱程度对不同种类彩叶植物生长的影响［J］．天津农学院学报，26（2）：35-38．
黄稚清，丁释丰，冯志坚，2019．短序润楠春叶期叶色变化生理机制［J］．南方园艺，30（5）：24-28．
蒋谦才，李镇魁，2008．中山野生植物［M］．广州：广东科技出版社．
乐仲发，郭春贵，谢长智，等，2018．赣州市城区彩叶植物的种类及其园林应用［J］．现代园艺（1）：19-21．
李彩云，2004．厦门市彩叶植物种类及应用调查研究［J］．福建林业科技，31（2）：78-82．
李根有，陈征海，陈高坤，等，2017．浙江野生色叶树200种精选图谱［M］．北京：科学出版社．
李振宇，陈彦伟，曹应伟，等，2009．彩叶树种的应用及开发前景［J］．现代农业科技（24）：200-201．
刘光立，陈其兵，喻晓钢，等，2017．川西低山区木本彩叶植物资源调查及应用［J］．四川农业大学学报，28（2）：174-178，240．
陆耀东，赖惠清，李镇魁，等，2012．观赏珍稀濒危植物［M］．广州：广东科技出版社．
罗德超，谢南松，郑涛，等，2019．野生彩叶植物资源收集及试种试验报告［J］．福建热作科技，44（2）：8-11．
潘辉，谢一青，韩国勇，等，2011．福建野生彩叶植物的地理分布与资源调查［J］．福建林学院学报，31（3）：217-220．
邱樟土，方根深，许旗，2007．千岛湖彩叶植物资源及其在园林绿化中的利用［J］．林业调查规划，32（3）：157-159．
沈正虹，2016．乡村景观营造中乡土植物的应用与配置模式［J］．现代园艺（8）：118-119．
宋科，周强，杨静慧，等，2018．不同种类彩叶植物植株生理特性差异［J］．天津农学院学报，25（3）：16-19．
谭益民，曹基武，祁承经，2008．中国中部城市发展乡土彩叶树种的研究［J］．福建林业科技，35（2）：171-175．
王泽瑞，2011．彩叶树种的光合特性和呈色机理研究进展［J］．安徽农业科学，39（22）：13495-13497．
邬淑萍，2008．江西官山国家级自然保护区彩叶植物资源及其开发利用［J］．江西林业科技（1）：36-37．
巫健民，陈步先，2016．观赏用枫香优树选择与种质资源收集［J］．安徽农业科学，44（31）：163-164．
吴棣飞，王军峰，姚一麟，2015．彩色叶树种［M］．北京：中国电力出版社．
吴福川，王波，于守超，等，2007．张家界彩叶植物资源及其应用［J］．安徽农学通报，13（19）：202-203．
吴劼，陈中庆，2012．建设城市彩色生态景观的探讨［J］．现代园艺（8）：101-103．
吴军彰，扶廷国，王金铭，等，2019．彩叶树种主要虫害防治技术［J］．现代园艺（11）：168-169．
谢祥财，苏争荣，2019．福建城市片林乡土树种与彩叶树种应用研究［J］．林业科技通讯（5）：7-9．
邢福武，曾庆文，陈红峰，等，2009．中国景观植物［M］．武汉：华中科技大学出版社．
许丽颖，刘斗南，赵玥琪，等，2018．基于色彩模式的秋色叶植物的叶色研究［J］．江苏农业科学，46（19）：142-145．
杨大伟，史绍林，季晓慧，等，2018．不同植物生长调节剂对5种彩叶树种嫩枝扦插的影响［J］．防护林科技（9）：54-55．
杨丽洲，冯志坚，周兵，等，2010．不同处理方法对短序润楠种子发芽的影响［J］．广东林业科技，26（3）：55-58．
杨善云，2014．春色叶树种资源的观赏性状综合评价与应用研究［J］．西北林学院学报，29（3）：231-235．
叶华谷，彭少麟，2006．广东植物多样性编目［M］．广州：世界图书出版公司．

叶凌风，2018．厦门城市绿地彩叶地被植物应用现状及探讨［J］．绿色科技（15）：73-75.

易绮斐，成夏岚，曾庆文，等，2008．广州石门国家森林公园彩叶植物调查研究［J］．福建林业科技，35（1）：112-116.

俞婷，韦希，陈宏辉，等，2018．彩叶乡土引鸟植物乌桕景观构建探讨——以宁波奉化为例［J］．现代园艺（19）：102-104.

臧德奎，2012．园林树木学［M］．北京：中国建筑工业出版社．

张朝斌，2017．楝叶吴茱萸在彩色森林景观营造工程中的应用探讨［J］．现代园艺（8）：138-139.

张国平，肖以华，邝兆勇，等，2019．乐昌市彩叶树种资源现状及其造林应用［J］．南方林业科学，47（3）：30-34.

张炜，2016．乡土彩叶树种山乌桕播种育苗不同定苗密度试验［J］．中国林副特产（4）：29-31.

张霞，杨静慧，刘艳军，等，2017．彩叶植物对天津市生态环境的建构分析［J］．天津农林科技（4）：39-42.

赵卫华，杭唯，许雷，等，2019．常州市城市道路色叶树种应用调查研究［J］．南方园艺，30（2）：40-44.

郑万钧，1983．中国树木志：第一卷［M］．北京：中国林业出版社．

郑万钧，1985．中国树木志：第二卷［M］．北京：中国林业出版社．

郑万钧，1997．中国树木志：第三卷［M］．北京：中国林业出版社．

郑万钧，2004．中国树木志：第四卷［M］．北京：中国林业出版社．

中国科学院华南植物园，1998．广东植物志：第三卷［M］．广州：广东科技出版社．

中国科学院华南植物园，2000．广东植物志：第四卷［M］．广州：广东科技出版社．

中国科学院华南植物园，2003．广东植物志：第五卷［M］．广州：广东科技出版社．

中国科学院华南植物园，2005．广东植物志：第六卷［M］．广州：广东科技出版社．

中国科学院华南植物园，2007．广东植物志：第八卷［M］．广州：广东科技出版社．

中国科学院华南植物园，2009．广东植物志：第九卷［M］．广州：广东科技出版社．

钟雨庭，王蕴夫，黄子怀，2018．乡村绿化美化10种彩叶植物的综合评价［J］．林业科技情报，50（2）：1-3.

周云龙，2018．华南常见园林植物图鉴［M］．北京：高等教育出版社．

中文名索引

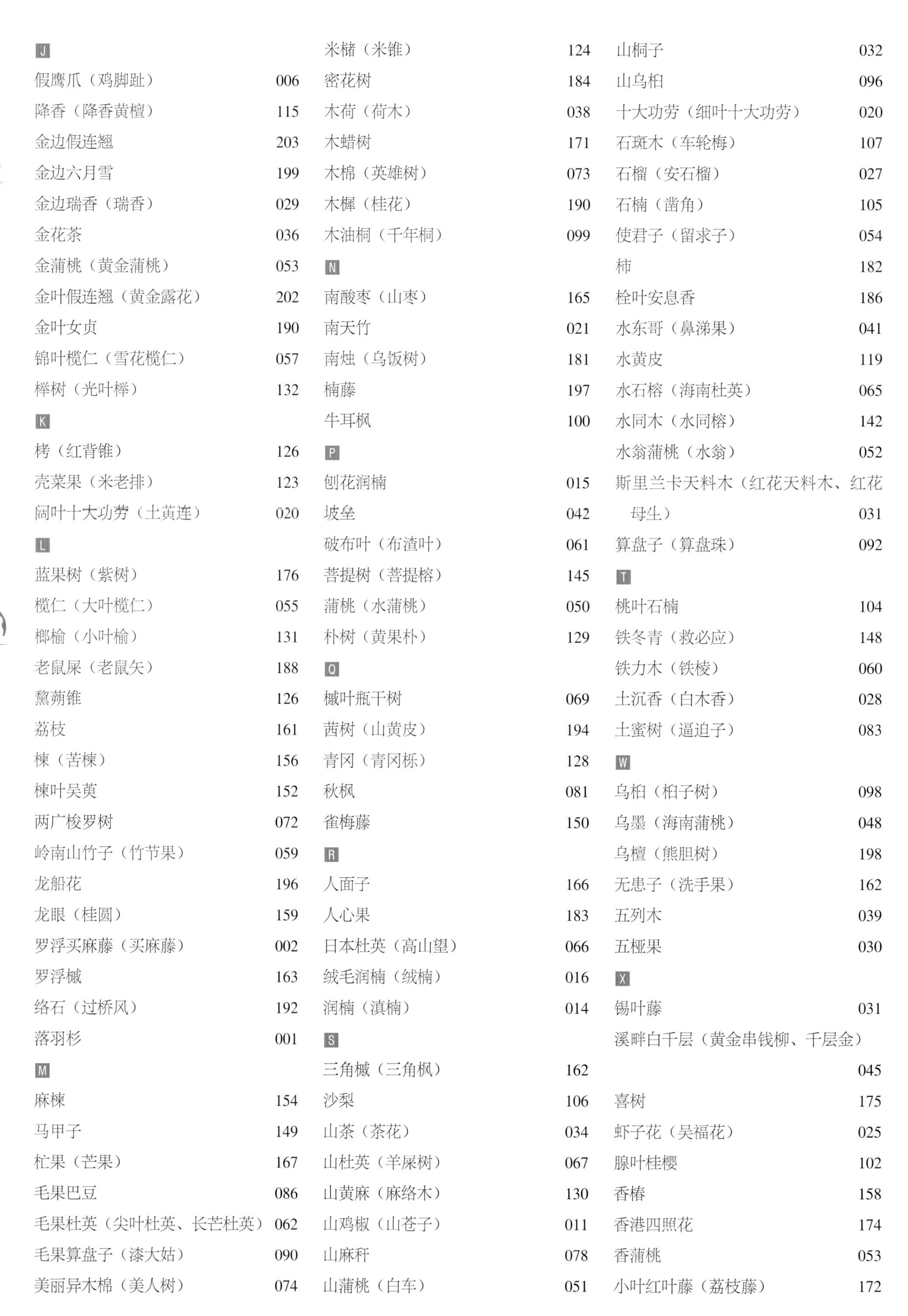

拉丁学名索引

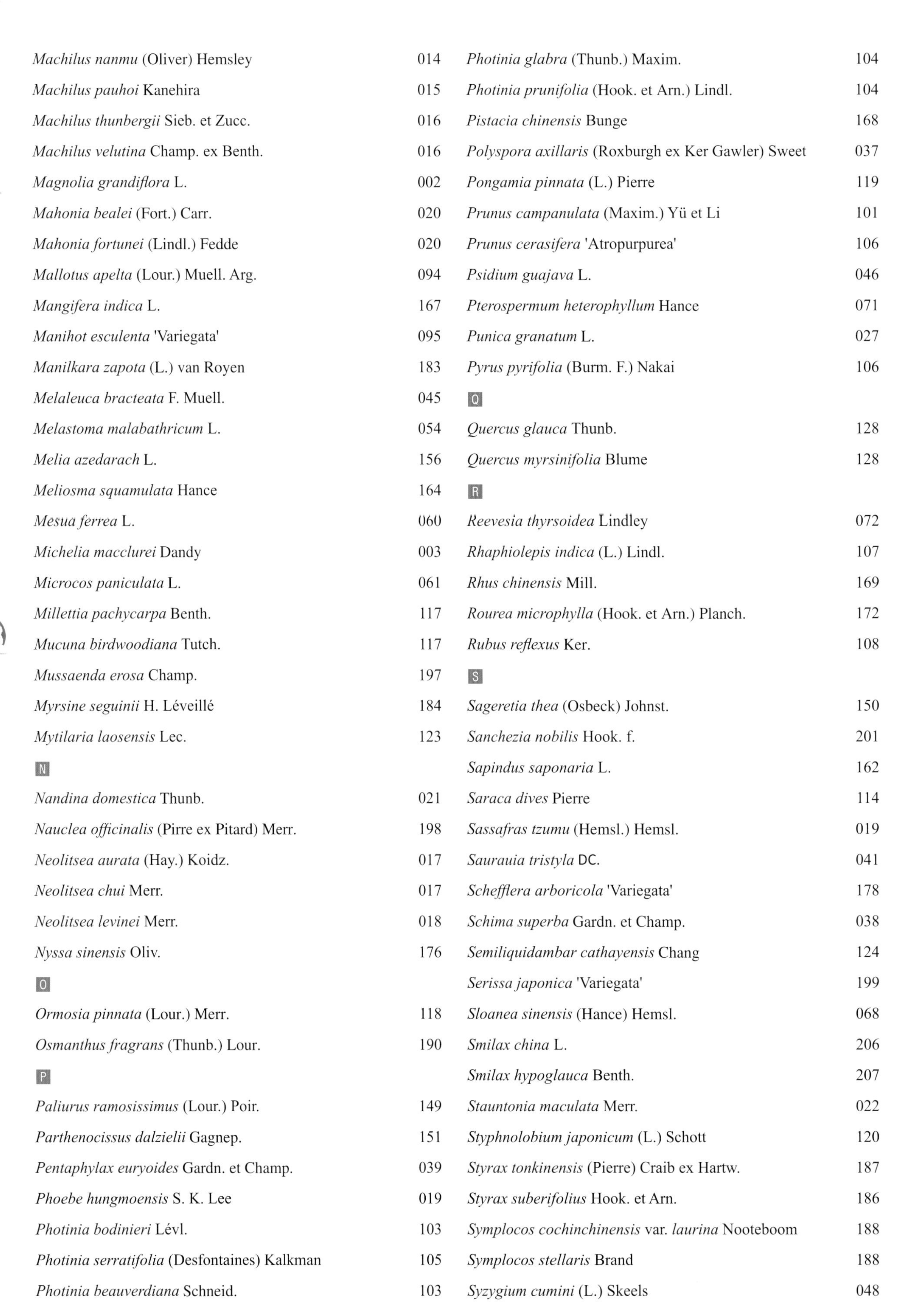